EXTRAIT

DU

BULLETIN SCIENTIFIQUE

DE LA FRANCE

ET DE LA BELGIQUE,

PUBLIÉ PAR

ALFRED GIARD,

Chargé de cours à la Sorbonne (Faculté des Sciences),
Maître de Conférences à l'École Normale Supérieure.

SUR LES ÉPICARIDES DE LA FAMILLE DES *DAJIDÆ,*

———

NOTE SUR L'*ASPIDŒCIA NORMANI*
ET SUR LA FAMILLE DES *CHONIOSTOMATIDÆ,*

PAR

ALFRED GIARD ET JULES BONNIER.

PARIS,
OCTAVE DOIN, Éditeur,
8, Place de l'Odéon, 8.
1889

BULLETIN SCIENTIFIQUE
DE LA FRANCE ET DE LA BELGIQUE,

III° SÉRIE, 2° ANNÉE.   V-XII, MAI-DÉCEMBRE.

SOMMAIRE :

PRIX DE L'ABONNEMENT :

Pour la France et l'Étranger, UN AN, 15 FRANCS.

Les abonnements partent du 1ᵉʳ Janvier de chaque année.

PRIX DU NUMÉRO, 1 FRANC 25.

Adresser tout ce qui concerne la Rédaction au Professeur
A. GIARD, 14, rue Stanislas, PARIS.

SUR LES
ÉPICARIDES DE LA FAMILLE DES *DAJIDÆ*.

NOTE SUR
L'*ASPIDŒCIA NORMANNI*
ET SUR LA FAMILLE DES *CHONIOSTOMATIDÆ*,

PAR

ALFRED GIARD ᴇᴛ JULES BONNIER.

PARIS,
Oᴄᴛᴀᴠᴇ DOIN, Editeur,
8, Place de l'Odéon, 8
1889

SUR LES ÉPICARIDES DE LA FAMILLE DES *DAJIDÆ*

PAR

ALFRED GIARD et JULES BONNIER.

Planches VI-VIII.

Historique.

Bien que le type de la famille des Dajidæ, le *Dajus mysidis* KROEYER, parasite de *Mysis oculata* FAB., ait été découvert il y a près d'un demi-siècle, les connaissances que nous possédons sur ce groupe important d'Épicarides sont encore très insuffisantes. Cela tient en partie à ce que ces animaux habitent surtout les mers arctiques et qu'ils sont d'une rareté excessive dans les collections. Nous ne connaissons aucun musée en France qui en possède un seul exemplaire, même de l'espèce la plus commune.

C'est en 1842, dans le voyage en Scandinavie de GAIMARD que KROEYER **(I)** (1) fit représenter pour la première fois le *Dajus mysidis*. On sait que le texte accompagnant les planches des Crustacés de ce voyage ne fut pas publié (2). De plus, l'exemplaire figuré par KROEYER était une femelle jeune accompagnée d'un mâle encore au stade cryptoniscien, de telle sorte que la description eût été forcément erronée (3).

(1) Les chiffres romains en caractères gras reportent à la Bibliographie, page 289.

(2) Peut-être la description de *Dajus mysidis* existe-t-elle dans la Monographie des Bopyriens manuscrite et non terminée qu'on a retrouvée récemment à Copenhague (voir ci-après, p. 272).

(3) Pour cette raison on ne peut tenir compte de la diagnose latine donnée par CORNALIA et PANCERI d'après les figures de KROEYER (Osservazioni zoologico-anatomiche sopra un nuovo genere di Crostacei Isopodi sedentarii. Torino, 1858, p. 32).

Aussi lorsque PACKARD (1867, **II**) et plus tard BUCHHOLZ (1874, **III**) retrouvèrent le *Dajus mysidis* à l'état adulte, ils ne reconnurent pas le parasite figuré par KROEYER et l'appelèrent le premier *Bopyrus mysidum*, le second *Leptophryxus mysidis*.

En 1882, dans son excellent catalogue des Crustacés de Norwège (**VI**, p. 170), G. O. SARS indique la synonymie de *Dajus mysidis* KR. et de *Leptophryxus mysidis* BUCHHOLZ et signale de nouvelles localités sur la côte de Norwège pour ce Crustacé trouvé jusque-là beaucoup plus au Nord. Mais comme les exemplaires rencontrés en Norwège infestaient une *Mysis* d'espèce différente, *Mysis mixta* LILLJEB., nous avons tout lieu de croire qu'il s'agit d'une espèce différente du *Dajus mysidis*, parasite de *Mysis oculata* FAB.

La même année, P. P. C. HOEK a décrit et figuré parmi les crustacés de l'expédition du *Willem Barents* (**VI**, p. 37, 41), un couple de *Dajus mysidis* exactement du même âge que celui représenté par KROEYER. Chose curieuse, HOEK n'a pas identifié ce parasite avec l'espèce de KROEYER qu'il paraît ne pas avoir connue, mais avec le *Leptophryxus mysidis* BUCHHOLZ. Comme la forme jeune retrouvée par HOEK n'avait jamais été décrite, le travail de HOEK vient heureusement compléter celui de BUCHHOLZ, mais il n'en corrige pas les imperfections.

GERSTÆCKER dans *Bronn's Classen und Ordnungen* (**VII**, p. 236) ne s'est pas aperçu que les genres *Dajus* et *Leptophryxus* doivent être réunis. Il a donné une courte description du genre *Leptophryxus* en se servant pour cette diagnose du travail de BUCHHOLZ, mais il ne paraît pas avoir bien compris la disposition des lamelles incubatrices assez incomplètement exposée par BUCHHOLZ et il prête à celui-ci des idées erronées qui, en réalité, ne lui appartiennent pas.

Mais GERSTÆCKER a eu le mérite d'indiquer le premier les affinités réelles quoique lointaines des *Dajidæ* avec les *Cryptoniscidæ*: « *Die Gattung scheint verwandschaftliche Beziehungen zu den Cryptonisciden zu besitzen.* »

G. O. SARS (**VIII, IX**), STUXBERG (**X**) et H. J. HANSEN (**XI**) ont depuis indiqué de nouveaux habitats de *Dajus mysidis* sans rien ajouter à ce que l'on connaissait antérieurement sur l'organisation de ce parasite.

Nous n'avons parlé, dans ce court historique, que des travaux relatifs au type de la famille des *Dajidæ*, le *Dajus mysidis*. Les autres formes, encore peu nombreuses, appartenant à la même famille, ont toutes été découvertes et décrites par G. O. SARS.

Nous donnerons à la fin du présent mémoire un résumé succinct des belles recherches de l'infatigable carcinologiste norwégien.

Ainsi que nous l'avons dit plus haut, les *Dajidæ* sont très peu répandus dans les collections. Désireux de vérifier l'idée émise par GERSTÆCKER et à laquelle nous conduisaient également nos propres recherches, à savoir que les *Dajidæ* sont parmi les Épicarides supérieurs les formes qui permettent le mieux une comparaison avec les Cryptonisciens, nous avons longtemps cherché vainement à nous procurer quelques types de *Dajidæ*.

Aussi devons-nous les plus sincères remerciements à M. le révérend A. M. NORMAN qui a bien voulu nous envoyer un exemplaire de *Dajus mysidis* KR., recueilli à l'île Jan Mayen pendant l'expédition austro-hongroise, et nous confier pour l'étudier et le décrire un *Aspidophryxus*, parasite d'*Erythrops microphthalma* G. O. SARS, dragué par le révérend NORMAN lui-même à une profondeur de 200 brasses dans le Solems-Fjord, près de Floro, Norwège, le 5 août 1882 (1).

C'est grâce à ce précieux matériel que nous avons pu étudier le *Dajus mysidis* plus complètement que nos devanciers et rectifier en certains points la description de ces parasites et celle des *Aspidophryxus* publiées antérieurement.

Nous espérons, par ce travail, attirer l'attention des zoologistes sur une famille d'Épicarides jusqu'à présent trop négligée. Qu'il nous soit permis aussi de faire appel à l'obligeance de nos confrères qui, mieux placés que nous, pourraient nous fournir les moyens de

---

(1) C'est par une inadvertance regrettable que, dans notre communication préliminaire à l'Académie des Sciences (XIII, p. 1), nous avons dit que ce Crustacé avait été dragué par G.-O. SARS. Cet *Aspidophryxus* nous a été envoyé par M. NORMAN, avec l'indication *Aspidophryxus peltatus* G.-O. SARS sur *Erythrops Goesi* G.-O. SARS. Un examen minutieux nous a conduit à rapporter la *Mysis* à l'*Erythrops microphthalma* et à considérer l'*Aspidophryxus* comme appartenant à une espèce nouvelle que nous nommons *Aspidophryxus Sarsi*. Nous indiquons plus loin les raisons de cette double détermination (V. ci-dessous, p. 270).

poursuivre et de compléter cette étude dont nous connaissons toute l'imperfection.

II.

Description de *Dajus mysidis* KROEYER.

Femelle adulte. — L'exemplaire unique de *Dajus mysidis* que nous avons eu à notre disposition, avait la forme d'une masse à peu près régulièrement ovoïde, atténuée à la partie inférieure, et dont le grand axe mesurait $2^{mm},9$. Sa face ventrale (Pl. VI, fig. 1) est légèrement aplatie tandis que le dos est creusé par un long sillon longitudinal qui s'étend de la tête aux premiers segments du pléon et qui sépare, à droite et à gauche, deux gros bourrelets saillants remplis d'œufs : ces deux masses creuses forment la plus grande partie de la cavité incubatrice.

Quand on examine l'animal par la face ventrale, on aperçoit, vers l'extrémité antérieure, entre les deux masses latérales remplies d'œufs, une ouverture large, à peu près rectangulaire, fermée par des lamelles chitineuses superposées; sous le bord antérieur, qui est constitué par la région frontale du segment céphalique, se trouve, sur la ligne médiane du corps, un petit rostre aigu accompagné de part et d'autre de deux antennes dont les externes sont les plus longues. Les bords latéraux de cette ouverture sont formés de petites épaulettes à bords épaissis constituées par les lames pleurales (épimères) des cinq premiers segments du corps, qui recouvrent l'insertion de cinq paires de péréiopodes visibles au-dessus des lamelles. La partie centrale de la face ventrale de la femelle est occupée par deux grandes lamelles se recouvrant l'une l'autre et que nous verrons être les cinquièmes oostégites. Au-dessous, de part et d'autre du grand axe du corps, se trouvent des petits mamelons qui vont en diminuant d'importance jusqu'à l'extrémité inférieure, qui se terminent par deux petits prolongements égaux. C'est entre ces mamelons qui représentent des pléopodes, qui se trouve, comme d'ordinaire, le mâle de *Dajus*.

La figure 2 de la planche VI représente la femelle vue de trois quarts, de façon à montrer le sillon dorsal entre les deux masses latérales de la cavité incubatrice. Cette partie dorsale présente des renflements parallèles correspondant aux somites thoraciques qui sont, comme toujours, au nombre de sept et que l'on ne peut compter que dans cette partie, la moins déformée de l'animal. Au-dessous, nous voyons les six segments du pléon, depuis le premier qui est très large et qui porte la première paire de pléopodes, où se cramponne le mâle, jusqu'au sixième, très réduit et terminé par les deux uropodes.

Le corps de l'Épicaride, aplati chez les Bopyriens branchiaux, allongé chez les Entonisciens, subit ici une modification analogue à celle que présentent les Bopyriens abdominaux, les Phryxiens; mais elle est encore plus accentuée que dans ce groupe : le parasite se courbe ventralement sur lui-même de façon à rapprocher son extrémité céphalique de sa partie pléale.

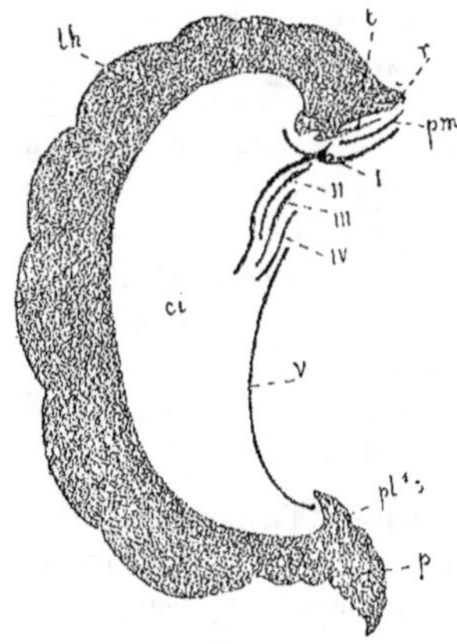

Fig. 1.

Coupe schématique longitudinale d'une
femelle de *Dajus mysidis*.

r, rostre ; t, pièce triangulaire ; pm. coupe de la patte-mâchoire ; th, thorax ; ci, cavité incubatrice ; p, pléon ; pl₁, premier pléopode ; I.... V, les cinq paires de lames incubatrices.

La figure placée ci-dessus (fig. 1) fera facilement comprendre la position du *Dajus* : elle représente la coupe schématique d'une femelle selon son grand axe ; les deux extrémités de l'animal, en se rapprochant l'une de l'autre, déterminent une vaste poche dont le fond est constitué par la face ventrale de l'animal lui-même et les côtés par les bords pleuraux des segments thoraciques qui, en se rapprochant de la ligne médiane forment les parois des deux gros bourrelets latéraux que nous avons vu exister de chaque côté du *Dajus*. La fente longitudinale antérieure qui constitue l'ouverture de cette cavité incubatrice est fermée par les oostégites (I à V).

Pour examiner la structure de la face inférieure du segment céphalique, il est nécessaire de le détacher du reste du corps, car dans la position naturelle du Bopyrien, il ne peut être vu qu'en perspective comme nous l'avons représenté dans la fig. 3 (Pl. vi) qui représente l'extrémité antérieure de la femelle. Le bord antérieur est épaissi et forme un petit bourrelet qui se continue tout autour de l'ouverture antérieure de la cavité incubatrice sur les bords pleuraux des cinq premiers segments thoraciques. Les antennes internes (Pl. vii, fig. 4, an_4) sont formées de trois articles qui constituent un petit tubercule terminé par un bouquet de soies courtes ; l'article basilaire est large, il forme un rebord autour du deuxième article conique, terminé par un petit tubercule qui constitue l'extrémité de l'antenne. L'antenne externe (an_2) est constituée par un article basilaire très considérable auquel fait suite un flagellum de huit articles subulés, ornés de quelques poils courts : cette forme d'antenne fait le passage aux organes analogues des Entonisciens, en passant par les *Pleurocrypta* : en supprimant le flagellum, qui se réduit de plus en plus chez les Bopyriens plus dégradés et plus intimement parasites, on obtient facilement une antenne en bourrelet comme celles que nous avons décrites chez les *Portunion*. Les antennes de *Dajus mysidis* sont recouvertes sur toute leur surface par de petites squames régulièrement disposées.

Le *rostre* est formé par la lèvre supérieure et l'hypostome (Pl.vi, fig. 4, *hyp*), qui laissent entre eux une fente par où passe l'extrémité de la *mandibule* (*md*) : celle-ci a la forme des organes analogues des autres Bopyriens, c'est un manche solide terminé postérieurement par un élargissement aplati servant à l'articulation, et à l'extrémité distale par un cuilleron évasé dont l'intérieur est orné de petites stries. La mandibule, qui s'appuie sur la tige qui réunit les deux lèvres, sort par une petite échancrure circulaire, terminant l'hypostome et très nettement visible quand on examine l'animal par la face ventrale, alors que la pointe du rostre fait saillie antérieurement sous le rebord frontral (Pl. vi, fig. 3, *hyp*). Les *maxilles* (Pl. vi, fig. 4, *mx¹*, *mx²*) sont rudimentaires et forment deux paires de petits tubercules placées, la première à la base de la mandibule, la deuxième un peu plus bas, au-dessus de l'insertion de la patte-mâchoire.

Le maxillipède (Pl. vi, fig. 3, 4, *mxp* et Pl. vii, fig 3) présente la forme lamelleuse ordinaire chez les Bopyriens ; il est inséré un peu au-dessous de la seconde maxille, sur le bord inférieur de la tête. Il est constitué par un coxopodite (*c*) renflé, arrondi, contenant la majeure partie des muscles rayonnants qui font mouvoir l'appendice ; il est suivi par un large basipodite (*b*) qui recouvre presque toute la moitié correspondante de la face antérieure du céphalon. C'est cette large lamelle que nous avons appelée à tort l'exopodite dans notre travail sur les Bopyriens (1). Une étude plus attentive de cet appendice, nous a montré que l'exopodite n'existe plus chez les Arthrostracés ; au contraire, le basipodite a une tendance à s'élargir en lame pour former une sorte de lacinie sur le bord externe de laquelle reste inséré le reste de l'endopodite ; celui-ci, déjà très réduit dans les *Munna* (2), par exemple, disparaît complètement chez tous les Bopyriens que nous avons examinés jusqu'ici (3). Ce que Kossmann a appelé le *palpe* chez *Jone thoracica* et *Bopyrus squillarum* n'est que l'extrémité différenciée de la lame basipodiale : c'est toujours à cette place que l'on trouve, chez les Amphipodes comme chez les Isopodes, des séries de dents ou de poils sensitifs ou même de simples prolongements de chitine comme dans *Cancricepon elegans* ou *Pleurocrypta porcellanæ*. Sur le

(1) Giard et Bonnier, Contributions à l'Étude des Bopyriens, *Travaux du Laboratoire de Wimereux*, Tome V, p. 30, fig. 6, *ex*.

(2) Voir aussi à ce sujet Boas, Studien über die Verwandtschaftsbeziehungen der Malakostraken, *Morphol. Jahrbuch*, 8, pl. xxi, fig. 7.

(3) Nous voyons un commencement de cette réduction se produire chez un Amphipode, *Laphystius sturionis* Kroeyer, qui n'est que commensal des Baudroies, des Raies ou des Esturgeons : le maxillipède présente, outre les deux lames ordinaires du basipodite et de l'ischiopodite, un palpe réduit à deux articles, ce qui fait que l'appendice ne compte plus que cinq articles au lieu du nombre normal sept ; chez les Bopyriens, où le parasitisme est bien plus accentué, il n'en compte plus que deux.

coxopodite s'insère une autre lame, ayant chez notre *Dajus* la
forme d'un rebord épais qui se loge dans première gouttière interne
de la première lamelle incubatrice : c'est l'épipodite (*e*) qu'il ne faut
pas confondre avec ce que nous avons appelé (*loc. cit.*, p. 30, fig. 6,
ep) d'après les auteurs l'épipodite chez *Gyge branchialis, Ione
thoracica* et *Bopyrus squillarum*. Les lames que nous avons ainsi
désignées ne sont que des dépendances du *limbe postérieur* de la
tête.

Sur la ligne qui joint les deux points d'insertion des maxilles de la
seconde paire, juste sur la ligne médiane du corps, s'insère un organe
singulier que nous désignons sous le nom de *pièce triangulaire*
(Pl. vi, fig. 4, *pt.*) Il a la forme d'un triangle à peu près équilatéral,
aplati et couvert de petites squames ; trois crêtes chitineuses épaisses
qui partent du point d'insertion et vont se terminer aux trois angles,
renforcent l'organe dont le bord postérieur se loge dans la deuxième gouttière interne du premier oostégite.

Le péréion du *Dajus* est formé de sept somites dont les cinq premiers seulement portent une paire d'appendices garnis d'oostégites.
Les bords pleuraux du premier somite constituent, avec le bord
frontal de la tête, une même ligne horizontale qui forme la limite
antérieure de l'ouverture de la cavité incubatrice ; les bords des
quatre somites qui suivent, placés l'un au-dessus de l'autre perpen-
diculairement en forment les limites latérales. Ces lames pleurales
sont des sortes d'épaulettes carrées dont les côtés libres latéraux
et inférieurs sont épaissis comme le bord frontal du céphalon et
garnis de petites squames.

Les dix péréiopodes ont tous la même forme (Pl. vii, fig. 5). Le
coxopodite est réduit à un cercle chitineux, sur lequel s'insèrent les
muscles puissants qui remplissent l'épaulette pleurale ; le basipodite
est allongé sans crête ni pelote ; l'ischiopodite est un peu plus petit
et garni sur sa face interne de deux rangées parallèles de petites
épines que l'on retrouve également sur le méropodite qui est presque
soudé au carpopodite. Le propodite est renflé et contient les muscles
qui font mouvoir le dactylopodite ; celui-ci a la forme d'une griffe
étroite et aiguë.

Les quatre premières paires d'oostégites forment par leur super-
position, comme nous l'avons dit plus haut, le couvercle mobile de
l'ouverture antérieure de la chambre incubatrice. La première
(Pl. vi, fig. 3, l_1 ; Pl. vii, fig. 5 L_1 et fig. 6) a une forme très complexe comme chez la plupart des Bopyriens ; nous y retrouvons
légèrement modifiées les parties que nous avons déjà décrites
chez d'autres Épicarides. Quand on considère la femelle par la face
ventrale, on aperçoit sous le rostre et les antennes deux lames à
peu près carrées, bordées inférieurement par un fort repli ; c'est la
partie antérieure de la première paire d'oostégites qui recouvrent
les pattes-mâchoires dont la partie postérieure (épipodite) vient pré-
cisément s'insérer dans la gouttière antérieure (fig. 6, *pe*) ; le fond
de cette gouttière forme le repli externe dont nous venons de parler.
Si l'on soulève les lames incubatrices des deuxième et troisième
péréiopodes, on aperçoit la partie postérieure du premier oostégite
qui présente aussi à la face interne une seconde gouttière (fig. 6, *p i*)
destinée à loger le bord inférieur de la tête et de la pièce triangulaire. Le bord inférieur du premier oostégite est garni de petits prolongements chitineux.

La seconde paire d'oostégites (l_2) est située au-dessus de la première, sous le rebord saillant formé par la gouttière antérieure ; elle
est mince et ovalaire ; la troisième (l_3), un peu plus considérable et
de même forme, la recouvre presque entièrement, mais n'atteint
cependant pas le bord inférieur de la première paire. Les quatrièmes
oostégites (l_4) recouvrent les lames précédentes ainsi que la partie
inférieure des premières. La cinquième paire d'oostégites (Pl. vi,
fig. 1, 2, 3, l_5), est beaucoup plus considérable : elles égalent en
longueur, la moitié du corps de l'animal et en occupent toute la
partie centrale. Leur bord interne est sondé le long des bords
pleuraux des derniers somites du thorax, et, en se recouvrant l'une
l'autre dans la moitié de leur étendue, ces oostégites ferment
hermétiquement la plus grande partie de la cavité incubatrice.

Contrairement à ce qui se passe chez la plupart des Épicarides, la
cavité incubatrice de *Dajus* (et nous pouvons ajouter de tous les
Dajidæ) est surtout formée par les parois latérales du corps qui se
replient sur le côté ventral : les oostégites n'ont plus pour rôle
unique que de fermer la fente qui résulte de ce reploiement en

ménageant deux ouvertures aux extrémités, tandis que chez les autres Bopyriens ce sont ces oostégites eux-mêmes qui constituent la véritable cavité. Cette disposition caractéristique, nous la verrons s'accentuer dans les genres *Aspidophryxus* et *Notophryxus*, où les oostégites se réduisent encore davantage, et nous trouverons le terme extrême de cette déformation du corps dans le groupe d'Épicarides le plus difficile à interpréter, pour cette cause même, c'est-à-dire dans les Cryptonisciens.

La figure 1 de la page 256, montre clairement le fonctionnement de la chambre incubatrice. Le parasite, fixé à la face ventrale du Schizopode, détourne à son profit une partie du courant déterminé par les pléopodes de son hôte : grâce au mouvement perpétuel de ses maxillipèdes et de sa première paire d'oostégites, il amorce le courant d'eau qui pénètre entre toutes les lamelles (les maxillipèdes et les quatre premières paires d'oostégites) qui ferment l'ouverture antérieure de la cavité incubatrice en s'imbriquant les unes sur les autres. Ces lamelles, en se soulevant légèrement laissent librement passer l'eau tout en empêchant la sortie des embryons ; le courant parcourt toute la cavité et sort sous les lames incubatrices de la cinquième paire entre les premiers pléopodes. L'eau, qui sert à la respiration des embryons renfermés dans cette cavité, est par ce moyen incessamment renouvelée.

Le pléon (Pl. vi, fig. 5), forme une petite éminence conique constituée par six segments concentriques, qui vont en diminuant d'importance depuis le premier qui est très large jusqu'au dernier qui est très réduit. Chacun de ces somites porte une paire d'appendices : la première paire de pléopodes (pl_1) est formée par des appendices renflés, en forme de bourrelet, entre lesquels se loge le mâle ; si on enlève ce dernier, on voit à la base et à l'intérieur des premiers, qui représentent les exopodites (*ex*), une paire de lames minces qui ferment l'ouverture postérieure de la cavité incubatrice: ce sont les endopodites (*end*). Les autres pléopodes sont fortement réduits : on reconnaît encore les deux parties qui les constituent dans la seconde et la troisième paire, mais, à partir de la quatrième, ils ne forment plus qu'un mamelon unique. La sixième paire (*ur*), les uropodes, ont la forme de deux petits tubercules un peu allongés.

Le mâle dégradé. — Le mâle (Pl. vii, fig. 1, 2), qui, dans notre unique exemplaire, avait la position habituelle entre les premiers pléopodes de sa femelle, mesurait 0^mm,6 dans sa plus grande longueur, du bord frontal à l'extrémité du pléon ; c'est un petit animal trapu, à membres courts et solides, à pléon condensé rappelant beaucoup par son aspect général le mâle des *Phryxus*. Sa tête, vue par la face ventrale (fig. 2) est soudée au premier somite du péréion et a une forme régulièrement semi-circulaire. Les antennes internes (an_1) sont courtes et composées d'un article basilaire à peu près triangulaire surmonté à un angle externe par trois petits articles réduits, portant quelques poils : cette antenne rappelle beaucoup la structure fondamentale de cet organe chez les Cryptonisciens. L'antenne externe (an^2) est formée de onze articles, qui d'abord trapus et courts deviennent grêles et allongés à l'extrémité. Le rostre est, comme d'ordinaire, formé par les deux lèvres entre lesquelles se trouve une paire de fortes mandibules (*md*). La première paire de maxille (*mx*) existe seule; elle se présente sous la forme de petits tubercules situés à la base des mandibules. Le maxillipède (*mxp*) a également la forme d'un tubercule surmonté d'une soie unique. Tout cet appareil buccal est soutenu par un cadre chitineux épais (*ec*) sur lequel s'insèrent les muscles qui actionnent les mandibules.

Le péréion est formé de sept somites qui tous portent une paire d'appendices, le premier est le plus court et le dernier le plus allongé. Ces péréiopodes (Pl. vii, fig. 2, pt^1, pt^2) s'insèrent sous le bord pleural du somite qui est recouvert de petites squames; le basipodite est large et un peu plus allongé que l'ischiopodite, le méropodite et le carpopodite sont presque soudés en un seul article ; le propodite est large, arrondi et présente sur son bord tranchant deux petites épines ; le dactylopodite est solide et trapu. Les somites thoraciques présentent sur la ligne médiane de la face ventrale quelques petits tubercules, surtout accentués du troisième au sixième.

Le pléon est formé par la fusion intime des six segments ordinaires et ne présente aucune espèce de rudiment de pléopodes : c'est un pléon d'*Athelges*.

Le tube digestif se continue très nettement jusqu'à l'extrémité postérieure du corps; le cœur est situé au-dessus, au niveau du septième segment thoracique. Enfin, sous le rectum on voit une masse opaque d'aspect glandulaire qui correspond peut-être à « l'organe odorant » des Cryptonisciens.

Description de la femelle jeune et du mâle cryptoniscien. — Pour compléter les descriptions précédentes, nous croyons utile de reproduire ici la description donnée par Hoek de la femelle jeune et du mâle cryptoniscien de *Dajus mysidis*.

Nous devons faire observer toutefois que cette description est très incomplète et que Hoek a fort imparfaitement compris la morphologie de cette forme intéressante. On s'étonne de trouver d'énormes inexactitudes et une connaissance si rudimentaire du type Bopyrien chez un naturaliste dont les travaux carcinologiques sont ordinairement d'une admirable précision.

Sur douze *Mysis oculata* examinés par Hoek, six étaient infestées par de jeunes *Dajus mysidis*.

On sait que c'est à cet état jeune que Kroeyer avait également trouvé le *Dajus*. Étant donnée la rareté de ce parasite, il peut sembler étonnant qu'on l'ait ainsi rencontré plusieurs fois dans une période de développement très rarement observée chez les autres Épicarides. Mais il faut songer que *Dajus* est parasite sur un animal très transparent et dont l'étude ne peut être faite qu'au microscope, de telle sorte que le parasite échappe bien plus difficilement que les autres Bopyriens souvent fixés sur des animaux opaques et de grande taille. Très peu de zoologistes d'ailleurs savent chercher avec un soin suffisant les états intermédiaires des divers Épicarides. Il suffit d'examiner de très près, comme nous l'avons fait, l'abdomen des Pagures pendant le mois de septembre, pour trouver le stade cryptoniscien et la femelle jeune d'*Athelges paguri* et ces formes intéressantes sont beaucoup moins rares qu'on ne le suppose généralement.

La femelle jeune de *Dajus* décrite par Hoek (fig. 2), mesurait 1^{mm},8 environ et était fixée sur les pattes thoraciques de la dernière paire de son hôte, la tête tournée comme d'habitude vers le pléon de celui-ci. Les six exemplaires examinés par Hoek étaient à

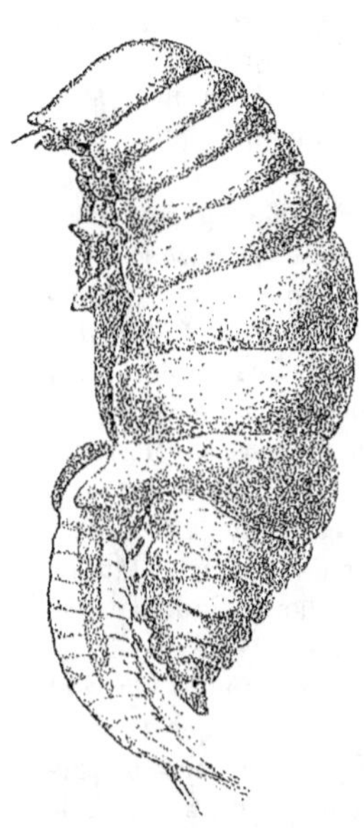

Fig. 2. — *Dajus mysidis*, femelle jeune avec mâle au stade cryptoniscien (d'après P. - P. - G. Hoek).

peu près de même grosseur et du sexe femelle. Un seul d'entre eux tenait entre ses pattes un être beaucoup plus petit (jeune mâle). Il est regrettable que Hoek n'indique pas à quelle époque précise de l'année ont été pêchées les *Mysis* infestées, car cette indication nous fournirait un renseignement précieux sur l'éthologie du *Dajus*.

Les jeunes femelles présentaient, outre le bord frontal, les antennes et la lèvre inférieure, cinq paires de pattes thoraciques allant un peu en croissant de la partie antérieure à la partie postérieure, mais toutes semblables entre elles.

« A la place des pieds thoraciques de la sixième et de la septième paire, dit Hoek, on distingue déjà les lames incubatrices, mais celles-ci n'ont pas encore la forme que Buchholz décrit chez l'adulte. Elles se montrent toujours soudées l'une avec l'autre : seulement la partie supérieure de la lamelle du septième segment fait saillie au dehors comme une pièce distincte. Il n'a pas été possible de trouver la moindre trace sous une forme quelconque d'appendices aux segments abdominaux. J'ai compté 5 segments distincts et un sixième plus court échancré en son milieu et terminé de chaque côté en un long appendice (les derniers pléopodes ou uropodes). »

Tout cela est bien inexact : les lames incubatrices n'existent pas au sixième et septième segments thoraciques. Aucun Epicaride connu ne possède plus de cinq paires d'oostégites et ces appendices sont toujours insérés uniquement sur les cinq premiers segments thoraciques. Jamais chez les *Dajus* les dernières lames incubatrices ne sont soudées entre elles. Les appendices que Hoek attribue au septième segment du péréion appartiennent en réalité au premier anneau pléal : ce sont les premiers pléopodes qui acquièrent chez l'animal adulte un si grand développement. Le segment qui porte les uropodes est plus grand que Hoek ne l'a cru. Le premier segment du thorax a été confondu par Hoek avec la tête, ce qui l'a conduit à considérer le premier segment pléal comme un 7ᵉ thoracique, et à prendre les uropodes pour l'équivalent du sixième segment pléal.

Le mâle a à peine un millimètre de long, la tête est cachée entre les premiers appendices pléaux que Hoek désigne à tort comme appendices postérieurs des lames incubatrices (*hinteren Zipfel der Brutblaetter des Weibchens*) ; la partie postérieure du corps est libre à la surface des segments abdominaux de la femelle. Mais, dit Hoek, la fixation du mâle n'est pas absolument passive, car il se fixe à l'aide d'une ventouse au corps de la femelle.

« Le mâle est comprimé latéralement et a par suite l'aspect d'un Amphipode. La partie de la carapace dorsale qui recouvre la tête ne présente pas d'yeux et a la forme d'un capuchon ; au-dessous se trouvent les antennes et les pièces buccales modifiées d'une façon particulière. A la tête font suite sept segments thoraciques libres et après ceux-ci cinq segments abdominaux, plus une plaque caudale impaire. Les antennes de la première paire ont une forme très particulière et montrent un flagellum presque rudimentaire. Celui-ci, de même que l'article basilaire, est couvert de très longs poils tactiles. Les antennes de la 2ᵉ paire ont un manche de quatre (cinq) articles et un flagellum pluriarticulé (six-sept articles). La structure des pièces buccales est difficile à élucider sur un exemplaire unique : elles forment par leur ensemble un suçoir dans la structure duquel entrent des pièces en stylets. Ce suçoir est entouré à son extrémité libre par une ventouse.

« Les pieds thoraciques ne présentent rien de bien spécial. La longueur et la forme des griffes méritent seules d'être signalées. Celles-ci sont courtes et simplement courbées à la première paire de pattes. A la seconde elles sont beaucoup plus longues et bidentées à l'extrémité. Aux dernières pattes, enfin, elles sont encore bidentées, mais tellement longues, qu'elles dépassent en longueur le propodite. Très particulières également sont les soies en forme de mains sur le bord du propodite opposé à la griffe. Les cinq paires de pléopodes sont biramées. Le telson porte deux uropodes terminés chacun par deux appendices (**VI**, figs. 25, 76, 27, 28) ».

Nous avons reproduit textuellement la description de Hoek. Deux points paraissent mériter confirmation : 1° la forme du corps comprimée, latéralement serait bien étonnante : tous les Épicarides à l'état criptoniscien sont plutôt aplatis ; 2° la ventouse buccale décrite et figurée par Hoek n'a été observée, à notre connaissance, chez aucun autre mâle de Bopyrien à la phase cryptoniscienne.

Enfin, nous attirons l'attention sur la forme des appendices du propodite des pattes thoraciques qui sont tout à fait distincts des organes homologues des autres Épicarides.

La femelle trouvée lors de l'expédition de la *Dijmphna* était, d'après ce qu'en dit Hensen, plus âgée que celles observées par Kroeyer et par Hoek, mais non complètement adulte. Les lignes de séparation des segments étaient visibles du côté dorsal, non-seulement le long de la ligne médiane, mais aussi sur les côtés et ceux-ci ne formaient pas encore des parties séparées de la portion médiane comme chez les femelles mûres observées par Buchholz et par nous-mêmes.

III.

Description d'*Aspidophryxus Sarsi* G. et B.

Description de la femelle. — L'Épicaride que nous allons décrire nous a été, comme nous l'avons dit, communiqué par le Rév. Norman : il était étiqueté dans le *Museum Normanianum* sous le nom d'*Aspidophryxus peltatus* G. O. Sars. On verra plus loin pourquoi nous en avons fait une espèce nouvelle. Comme l'exemplaire est unique, nous avons dû nous borner à examiner l'animal extérieurement, sans le disséquer : notre description sera donc forcément incomplète, mais la connaissance de la structure du *Dajus* nous a permis néanmoins de nous rendre un compte suffisant de la structure de ce parasite, et de rectifier sur plusieurs points la diagnose du genre établie par G. O. Sars (**v**, p. 72).

L'*Aspidophryxus* femelle mesurait 2^{mm},4 ; il était fixé sur une femelle d'*Erythrops microphthalma* G. O. Sars ; comme tous les Bopyriens que nous avons examinés jusqu'ici, le parasite a sa tête tournée vers l'extrémité postérieure du Mysidien ; il se maintient à l'aide de ses péréiopodes sur le bord postérieur de la carapace céphalothoracique de son hôte, au point où elle laisse à découvert la partie

dorsale des derniers somites thoraciques (Pl. viii, fig. 1 et dans notre
« Note sur *Aspidœcia* », Pl. x, fig. 1). Le corps de la femelle est
symétrique, à peu près régulièrement ovalaire, plus obtus à l'extrémité antérieure qu'à la partie inférieure (fig. 2 et 3). La
partie médiane du dos de l'animal est traversée par quatre bandes
foncées, qui indiquent les bords des derniers somites thoraciques.
De part et d'autre de la ligne médiane, le corps s'aplatit et forme
deux lames creuses constituant la chambre incubutrice ; ces deux
lames sont surtout distinctes à la partie antérieure dont elles se
détachent nettement. Chose rare chez les Épicarides, les œufs sont
relativement gros et régulièrement disposés. Nous avons représenté
(Pl. viii, fig. 1, 2, 3, Pl. x, fig. 1) ces œufs en nombre exact et suivant leur disposition régulière : chacune des parties latérales du
corps possède six séries d'œufs ; les deux rangées externes sont les
plus longues et comptent 17 œufs chacune ; la troisième en a 15,
la quatrième 10, la cinquième 5, et la sixième et dernière 3 seulement. Chaque côté contient donc 67 œufs et il y a en tout 134 pour
une seule femelle.

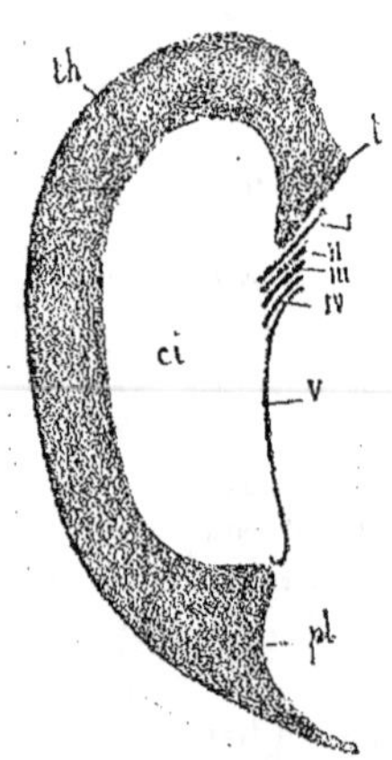

Fig. 3. — Coupe schématique
longitudinale d'une femelle
d'*Aspidophryxus Sarsi*.

t, tête ; *th*, thorax ; *pl*, pléon ;
ci, cavité incubatrice ; I à V,
les cinq lamelles incubatrices.

La structure générale de l'*Aspidophryxus* est celle d'un *Dajus* qui serait
encore plus courbé sur lui-même. En
comparant la fig. 3, placée ci-contre,
avec la fig. 1 (page 256), on voit combien
la structure fondamentale des deux Epicarides est semblable ; la différence la
plus notable est dans l'inclinaison beaucoup plus prononcée de la tête et des
premiers segments thoraciques vers la
face ventrale. L'*Aspidophryxus* est, en
quelque sorte, l'exagération du *Dajus* :
on s'en rend facilement compte en exa-
minant la femelle par la face antérieure :
au lieu de la large ouverture quadrangulaire du *Dajus*, on voit au quart antérieur de la ligne médiane une petite ouverture circulaire autour de laquelle
rayonnent, pour ainsi dire, les six premiers segments de l'animal. Si on examine
de près cette ouverture, on voit qu'elle

est absolument semblable à celle que nous venons de décrire chez le type précédent. Le bord supérieur est formé par le bord frontal presque confondu avec les épimères du premier somite ; les bords latéraux sont formés par les épaulettes des quatre somites suivants, et inférieurement l'ouverture est limitée par les bords épaissis du cinquième oostégite.

Quoique nous n'ayons pu disséquer l'animal, nous avons pu constater néanmoins que la tête était semblable à celle du *Dajus* ; de chaque côté du rostre se trouvent les deux paires d'antennes, le tout recouvert par les pattes mâchoires.

Immédiatement sous les bords pleuraux se trouvent les cinq premières paires de péréiopodes ; les appendices des deux derniers somites ont complètement disparu. Les dix pattes thoraciques qui restent (fig. 5) sont beaucoup plus allongées que chez les autres Epicarides, ce qui s'explique facilement par le mode de fixation du parasite ; le basipodite, l'ischiopodite, le méropodite et le carpopodite sont très développés pour permettre à la patte de sortir du fond de l'ouverture et d'atteindre le bord postérieur de la carapace de son hôte ; un propodite renflé et un dactylopodite aigu lui permettent de s'y fixer solidement.

Sous les pattes thoraciques, l'ouverture antérieure de la cavité incubatrice est fermée par les quatre premières paires d'oostégites qui se recouvrent d'arrière en avant, comme nous l'avons vu chez le *Dajus*. Ceux de la cinquième paire, (fig. 4, l_5) sont beaucoup plus développés que les autres : ils sont longs et étroits ; dans *Aspidophryxus* ils ne se découvrent pas l'un l'autre, comme chez *Dajus*, mais ils soudent leurs bords externes et ferment ainsi la longue fente qui joint les deux ouvertures de la cavité ; ces bords sont, dans presque toute leur longueur, épaissis en bourrelets ; à leur extrémité inférieure (Pl. VIII, fig. 6) ils se roulent sur eux-mêmes en cornet découpé par deux échancrures : cette sorte de double cornet a pour rôle d'empêcher l'entraînement des embryons par le courant d'eau qui s'en échappe, et cet appareil est ici rendu nécessaire par l'absence totale des pléopodes qui jouent ce même rôle dans *Dajus*. Plus encore que chez *Dajus*, les parties latérales du corps participent largement à la formation de la cavité incubatrice, jouant ainsi le rôle qui est dévolu aux oostégites chez les autres Epicarides.

Le pléon, complètement dépourvu d'appendices, même rudimentáires, forme une sorte de cavité entourée à droite et à gauche par les prolongements postérieurs de la cavité incubatrice ; l'anus débouche entre ces deux prolongements. C'est dans cette cavité pléale que se tient ordinairemeut le mâle dans la position indiquée par SARS pour *Aspidophryxus pellatus* (fig. 5, page 276), mais notre unique exemplaire était parasité par un Copépode, *Aspidœcia Normani*, que nous décrivons plus loin (1) et qui occupait avec ses paquets d'œufs, la place ordinaire du mâle ; celui-ci se trouvait ainsi rejeté sur le côté (Pl. VIII, fig. 1,) et cramponné au pédoncule qui fixait le Copépode à l'Epicaride (voir Pl. X, fig. 4).

Description du mâle. — Le mâle (Pl. VII, fig. 7) mesure $0^{mm},5$; la tête est semi-circulaire et est armée à sa face inférieure d'un rostu aigu qui dépasse le bord frontal ; les antennes internes (an^1) sont très réduites, tandis que les antennes externes (an^2) sont très allongées, elles comptent une dizaine d'articles dont les premiers sont les plus considérables. Le premier somite thoracique est presque complètement soudé avec la tête ; il porte cependant une paire de péréiopodes comme les autres segments, mais ils sont plus petits, plus trapus et peuvent facilement passer inaperçus, car le plus souvent ils se dissimulent sous la face inférieure de la tête. Les six segments qui suivent et qui ont la partie médiane du tergite recouverte de petits tubercules, portent chacun une paire de péréiopodes identiques aux premiers, mais plus grands. Le coxopodite très court est muni de muscles puissants, visibles sous le bord pleural du somite ; le basipodite et l'ischiopodite sont allongés, tandis que les deux articles suivants sont soudés et ne possèdent pas de muscles propres ; ils servent en quelque sorte de manche rigide à la pince qui termine la patte : celle-ci est formée d'un propodite large et arrondi portant, à la base de son bord tranchant un tubercule sur lequel vient s'appliquer le dactylopodite qui constitue une griffe longue et unique.

Le pléon est plus allongé que dans le type précédent ; quoiqu'il soit encore condensé en une seule masse ovoïde , on peut encore se rendre compte de sa structure, qui résulte de la fusion des divers segments ; les derniers surtout sont nettement visibles ;

(1) Voir page 341.

Le sixième somite est bien distinct et porte une paire d'uropodes (*ur*) très réduits, biarticulés et terminés par deux petites soies : ce sont les seuls appendices du pléon.

Le tube digestif se continue jusqu'aux uropodes entre lesquels se trouve l'anus ; le foie est formé de deux longs tubes, qui s'étendent jusqu'au premier segment du pléon ; au-dessus se trouve le cœur, qui se prolonge antérieurement par le vaisseau dorsal, et qui est maintenu en arrière par des muscles insérés sur les derniers segments du pléon. Les testicules, visibles sous les muscles longitudinaux des somites thoraciques, s'étendent jusque sous le cœur.

Si nous prenions au pied de la lettre la description que G. O. Sars a donnée d'*Aspidophryxus peltatus*, notre Bopyrien ne pourrait pas rentrer dans le même genre ; en effet, le savant carcinologiste dans la diagnose de son espèce déclare qu'il n'y a pas de lamelles incubatrices ; et chez le mâle, il ne figure que six paires de péréiopodes. Mais il est évident que ce sont là des erreurs de description ; erreurs difficiles à éviter pour qui n'a pas grande habitude de ces formes compliquées. Les dessins de Sars, que nous reproduisons (fig. 5, page 276), montrent bien que les lamelles incubatrices doivent exister ; peut-être néanmoins celles de la cinquième paire sont-elles plus étroites que dans notre espèce, et par conséquent plus difficiles à voir ; quant au mâle, nous avons déjà dit combien il était facile de laisser échapper la première paire de péréipodes, toujours plus petite, et cachée sous la tête.

N'ayant pu examiner nous-mêmes le parasite décrit par Sars, on comprendra qu'il nous est impossible de donner une diagnose différentielle des parasites d'*Erythrops Goësi* et d'*E. microphthalma*; cependant, outre la certitude que nous avons que chaque Épicaride n'infeste qu'un seul hôte, il nous est possible d'indiquer quelques différences entre ces deux types, qui justifient l'établissement de notre nouvelle espèce. Sars indique sur la face dorsale de la femelle cinq bandes transversales foncées, tandis que nous n'en avons trouvé que quatre ; mais ce qui nous semble absolument décisif, c'est le nombre et la disposition des œufs dans la cavité incubatrice : dans le dessin de Sars (fig. 5), on voit que cette cavité est remplie d'une multitude considérable d'œufs, petits et serrés les uns contre les autres sans ordre régulier, comme chez la plupart des Épicarides ; nous avons vu , au contraire , que dans l'*Aspido-phryxus Sarsi* les œufs étaient en petit nombre (134), très-gros et régulièrement disposés en six rangées concentriques ; cette disposi-tion est tellement nette, qu'il est inadmissible qu'elle ait échappée à un observateur aussi consciencieux et aussi précis que le professeur de Christiania.

IV.

Systématique.

Nous croyons être utiles aux zoologistes en donnant , après la description des deux types étudiés par nous , une revue succincte de toutes les formes actuellement connues de la famille des *Dajidæ*.

La plupart de ces types n'ont été vus qu'à l'état d'exemplaires uniques. Ils ont été publiés dans des recueils coûteux ou peu répan-dus, et nous croyons ne rien exagérer en disant qu'ils sont com-plètement ignorés des naturalistes Français.

C'est à G. O. Sars que revient le grand mérite d'avoir signalé et figuré la plupart de ces êtres , si curieux et si intéressants. Nous nous bornerons dans cette revue systématique à traduire aussi exacte-ment que possible les renseignements que nous devons à l'illustre carcinologiste norwégien. Lorsque certains points dans ces obser-vations nous paraîtront en désaccord avec ce que nous ont appris nos recherches personnelles sur l'organisation des Epicarides, nous indiquerons notre manière de voir soit dans des notes placées au bas des pages, soit dans des réflexions placées à la suite de notre traduction.

Notre conviction intime est que des genres tels que *Notophryxus* et *Dajus* devront sans doute être subdivisés plus tard en coupes génériques nouvelles , mais il serait prématuré d'exposer pour le moment les raisons qui nous conduisent à cette manière de voir.

1. — Genre DAJUS Kroeyer, 1842.

1. — Dajus mysidis KROEYER.

1842. *Dajus mysidis* KROEYER *in* GAIMARD, Voyage en Scandinavie, etc. ; Atlas Crustacés, Pl. 28, fig. 1*a*, 1*b*.

1867. *Bopyrus mysidum* PACKARD A. S. Jun, Observations on the Glacial Phenomena of Labrador and Maine with a view of the recent Invertebrate fauna of Labrador, Memoirs of the Boston Society of Nat. Hist., vol. 1, part. 2, p. 295-303, pl. 8, fig. 5.

1874. *Leptophryxus mysidis* BUCHHOLZ, Zweite Deutsche Nordpolarfahrt in d. Jahren 1869-70, Bd. 11, s. 288, Crustaceen, Taf. II, fig. 2.

1882. *Dajus mysidis* Kroeyer, G.-O. SARS (*p. parte*), Oversigt af Norges Crustaceer, Vidensk. Selsk. Forh., n° 18, p. 70.

1882. *Leptophryxus mysidis* Buchholz, P.-P.-C. HOECK, Crust. Willem Barents, Nied. Archiv. f. Zool. suppl., Bd. I, p. 37, Taf. II, fig. 23-28.

1886. *Dajus mysidis* Kroeyer, STUXBERG, Faun au Novaja Zemlja, Vega Exped. Vet. Arbet., Bd. V, p. 60.

1886. *Dajus mysidis* Kroeyer, G.-O. SARS, Norske Nordhavs-Expedition 1876-78, XV, Zoologi Crustacea 11, p. 36.

1886. *Dajus mysidis* Kroeyer, H.-J. HANSEN, Oversigt over de paa Dijmphna-Togtet insamlde Krebsdyr-Dijmphna-Togtets. Zoologisk. Botanisk Udbytte, p. 204.

1887. *Dajus mys'dis* Kroeyer, H.-J. HANSEN, Oversigt over det Vestlige Groenlands Fauna, p. 197.

1889. *Dajus mysidis* Kroeyer, GIARD et BONNIER, Sur la morphologie et la position systématique des Épicarides de la famille des Dajidæ, Comptes-Rendus de l'Académie des Sciences, 13 mai.

Hôte : *Mysis oculata* FABRICIUS.

Habitat : Océan glacial arctique : Groënland (KROEYER) ; Claushavn, par 5 à 15 brasses, 3 exemplaires déposés au Musée de Stockholm (HANSEN (1)) ; Côtes du Labrador (PACKARD) ; Spitzberg,

(1) « Ces exemplaires sont les premiers qui aient été trouvés avec certitude sur la côte ouest du Groënland. KROEYER n'a jamais publié la description de cette espèce, mais dans la Monographie des Bopyriens manuscrite et non terminée qu'il a laissée, travail qui n'a malheureusement pas été publié en temps utile et qui depuis une année est tombé sous les yeux du secrétaire de légation cand. mag. GOSCH, il écrivait : *dans un seul voyage, j'ai trouvé cette espèce (une paire comme d'habitude) sous l'abdomen*

Sneerenburg (P. P. C. Hoek); Ile Jan-Mayen (G. O. Sars et Norman); Ile Sabine (Buchholz); Nouvelle-Zemble, Golfe de Murmanska (Stuxberg); détroit de Kostin (Stuxberg et Hansen); Mer du Nord, Côtes de Scandinavie (Kroeyer).

2. — **Dajus mixtus** GIARD et BONNIER.

1882. *Dajus mysidis* Kroeyer, G.-O. Sars (*pro parte*), Ofversigt af Norges Crustaceer, Vidensk. Selsk. Forh.. n° 18, p. 70.
1886. *Dajus mysidis* Kroeyer, G.-O. Sars (*pro parte*), Norske Nordhavs. Expedit. 1876-78, XV, Zoologi, Crustacea, II, p. 36.
1889. *Dajus mixtus* Giard et Bonnier, Sur la morphol. et la syst. des Dajidæ, Compt.-Rend. Acad. Sci., 13 mai.

Hôte : *Mysis mixta*, Lilljeborg.

Habitat : Côtes de Norwège, Vadsô (G. O. Sars).

Bien que nous n'ayons pas étudié cette espèce, nous croyons devoir la séparer du *Dajus mysidis*.

Jamais, en effet, nous n'avons rencontré un même Épicaride sur deux hôtes distincts quelque voisins qu'ils puissent être.

3. — **Dajus siriellæ** G.-O. SARS.

1885. *Dajus siriellæ* G.-O. Sars, Report on the *Schizopoda*, the Voyage of H. M. S. *Challenger*, vol. XIII, append. p. 221, Pl. xxxviii, fig. 12-14.

Hôte : *Siriella Thomsoni*. M. Edwards.

Habitat : Océan Atlantique (*Challenger*).

Cette espèce, bien que rapportée par G.O. Sars au genre *Dajus*, diffère considérablement de la forme arctique *Dajus mysidis*. La

d'une Mysis *de la mer polaire, et cet unique exemplaire fut perdu pour les dessins pendant que j'en faisais la description.* Comme Kroeyer a trouvé *Mysis oculata* au Groënland et au Spitzberg, on ne peut rien conclure de ce passage pour la découverte de ce parasite sur la côte du Groënland. » (Hansen, *loc. cit*, p. 198).

femelle adulte (fig. 4, *a* et *b*) présente dans sa forme extérieure une singulière ressemblance avec certains crustacés copépodes. La partie antérieure du corps est fortement élargie en forme de triangle aux angles arrondis avec une segmentation faiblement indiquée, tandis que la partie postérieure est brusquement rétrécie et à segments plus distincts. Elle se termine par deux appendices lamelliformes, rappelant la furca des Copépodes. Les cinq paires de pattes adhésives sont rapprochées les unes des autres de chaque côté d'un aire buccale, qui occupe à peu près le centre de la division antérieure du corps.

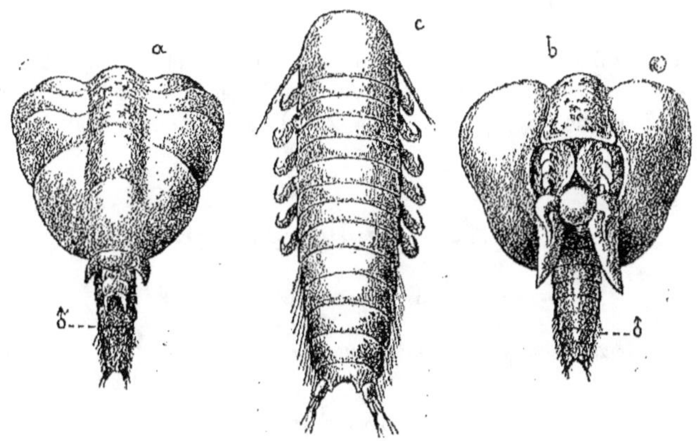

Fig. 4. — *Dajus siriellæ* (d'après G.-O. SARS).

a, femelle vue dorsalement ; *b*, la même, ventralement ; ♂, le mâle dans sa position ordinaire ; *c*, le mâle fortement grossi, vu dorsalement.

Le mâle (Fig. 4, *c*) comme celui du *Dajus mysidis* (1), diffère des mâles des genres suivants (*Aspidophryxus*, *Notophryxus*, *Hete-*

(1) Le mâle de *Dajus mysidis* à l'état adulte présente le pléon caractéristique des mâles de *Phryxus*. Ce pléon n'est pas segmenté, il ne porte ni pléopodes ni uropodes ; il est donc bien différent de celui du mâle de *Dajus siriellæ* et se rapproche plutôt de celui des mâles d'*Aspidophryxus*, etc. L'erreur de G.-O. SARS tient peut-être à ce qu'il a examiné un mâle jeune (mâle Cryptoniscien), tel que ceux étudiés par KROEYER et HOEK.

rophryxus), par son abdomen distinctement segmenté et pourvu de pléopodes bien développées, et en outre d'une paire d'uropodes.

Il était placé la tête profondément enfoncée dans un espace creux situé du côté ventral à l'extrémité de la division antérieure du corps de la femelle : cette cavité est délimitée en partie par deux replis cuticulaires en forme d'ailes dirigées vers le bas (1).

Le reste du corps du mâle se projette librement sur le même axe que la femelle.

La femelle et le mâle, mais ce dernier principalement, sont tachetés à la face dorsale avec un pigment noir.

Ce parasite a été trouvé sur un petit nombre de *Siriella Thomsoni*. M. Edw.

Il était fixé à la face ventrale, dans la région postérieure du tronc. Le mâle et la femelle sont, chez les *Mysis* femelles, logés en partie dans la poche marsupiale, comme cela a lieu également pour *Dajus mysidis*.

II. — Genre ASPIDOPHRYXUS G.-O. Sars, 1882.

4. — **Aspidophryxus peltatus** G.-O. SARS.

1882. *Aspidophryxus peltatus* G.-O. Sars, Oversigt af Norges Crustaceer, Christiania Vidensk. Forhandl., nᵒ 18, p. 72, Tab. 2, fig. 12-15
1886. *Notophryxus peltatus* G.-O. Sars, Norske Nordhavs Expedition 1876-78, XIV, Zoologi, Crustacea, 1, p. 137.

Hôte : Carapace céphalothoracique d'*Erythrops Goësii* G. O. Sars.

Habitat : Côtes méridionales et occidentales de Norwège jusqu'aux îles Lofoten (G. O. Sars).

Nous avons indiqué dans la description détaillée de l'*Aspidophryxus Sarsi* que nous donnons ci-dessus, les caractères distinctifs entre cette espèce et l'*A. peltatus*.

---

(1) Ces ailes chitineuses sont vraisemblablement les premières paires d'appendices pléaux qui, d'après ce que nous avons vu chez *Dajus mysidis*, sont formés de deux lames et beaucoup plus développés que les suivants.

Nous réservons le nom d'*Aspidophryxus peltatus* pour les *Aspidophryxus* trouvés sur l'*Erythrops Goësii* G. O. SARS. Il résulte, en effet, de l'explication des planches de *Norges Crustaceer* (p. 118) que les dessins de G. O. SARS ont été faits d'après un spécimen trouvé sur l'hôte susnommé.

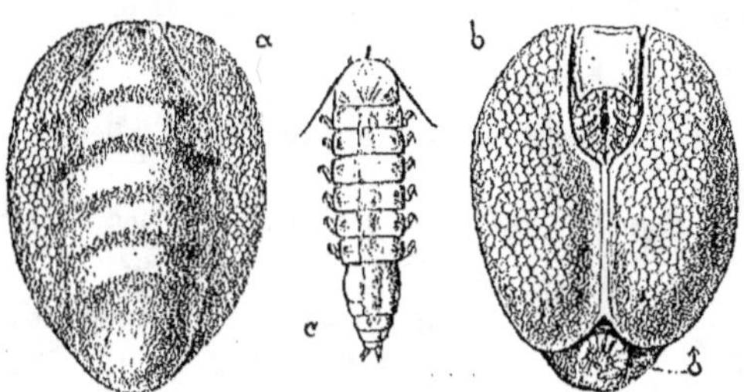

Fig. 5. — *Aspidophryxus peltatus* (d'après G.-O. SARS).

a, femelle vue dorsalement ; *b*, la même, vue ventralement ; ♂, le mâle dans sa position ordinaire ; *c*, le mâle plus fortement grossi, vu dorsalement.

Dans le texte de son Catalogue (p. 73), SARS déclare qu'il a trouvé cette espèce sur *diverses* espèces du genre *Erythrops* et une fois aussi sur *Mysidopsis didelphys* NORMAN. Une comparaison très minutieuse des exemplaires trouvés dans ces diverses conditions serait très désirable.

L'étude attentive des *Bopyrus*, parasites des différentes espèces du genre *Palæmon* si voisines entre elles, nous a prouvé l'existence de plusieurs espèces de Bopyres confondues, jusqu'à présent, sous le nom de *Bopyrus squillarum* LATR. Nous considérons comme très vraisemblable qu'il existe plusieurs espèces d'*Aspidophryxus* confondus sous le nom d'*Aspidophryxus peltatus*.

On pourrait nous objecter que ces diverses formes ne sont que des espèces incipientes dues à l'adaptation directe des embryons à des hôtes divers et susceptibles de passer de l'une à l'autre dans les générations successives suivant les hasards de fixation de l'embryon. Nous croyons que les choses peuvent se passer ainsi pour un certain nombre de parasites (surtout de parasites externes) mais tel n'est pas selon nous le cas pour les Bopyriens. Car chez ceux-ci, comme

chez les Rhizocéphales, on voit souvent une seule espèce d'hôte être
infestée par plusieurs espèces affines vivant dans la même localité et
de plus il existe souvent entre des Épicarides très voisins des différences physiologiques considérables , parfois même des différences
morphologiques portant uniquement sur le mâle ou sur l'embryon ,
différences trop importantes pour être attribuées uniquement aux
différences d'hôte.

5. — **Aspidophryxus Sarsi** Giard et Bonnier.

1886. *Aspidophryxus peltatus* G.-O. Sars, Norman *in* Museum Normanianum,
        Crust., p. 13.
1889. *Aspidophryxus Sarsi* Giard et Bonnier , Sur un Épicaride parasite d'un
        Amphipode et sur un Copépode parasite d'un
        Épicaride. Comp.-Rend. Acad. Scienc , 29 avril.

Hôte : Sur la carapace céphalothoracique d'*Erythrops microph-
talma* G. O. Sars.

Habitat : Côte de Norwège, Solemsfjord, près de Floro, profondeur de 200 brasses ; 5 août 1882 (A. M. Norman).

Nous avons établi cette espèce d'après l'exemplaire dont nous
donnons ci-dessus une description aussi détaillée que nous l'a permis
un examen forcément incomplet. Le spécimen en question était fixé
sur un *Erythrops* du *Museum Normanianum* étiqueté *Erythrops
Goesii*.
Ce Schizopode appartient bien, en effet, au groupe de l'*Erythrops
Goësii* qui renferme les espèces dont la squame de l'antenne inférieure est nue et non dentée sur son bord externe mais elle ne peut
être rapportée à l'*E. Goësii* lui-même dont le telson présente un
caractère très net : *telson margine postico leviter arcuato aculeis
terminalibus externis internis multo brevioribus.* Dans l'exemplaire en question, qui est une femelle , les épines du telson sont
égales ou subégales. D'autre part, par sa taille (8 mm.) et par le
nombre de soies du bord interne et du sommet de la squame anten-
naire (25 environ), cette espèce nous paraît devoir être rapprochée
d'*E. microphthalma* G. O. Sars plutôt que d'*E. pygmœa*.

L'*Erythrops microphthalma* a été rencontré par G. O. Sars aux îles Lofoten, dans le Hardangerfjord et dans le Christianiafjord.

La femelle d'*Erythrops* qui portait *l'Aspidophryxus Sarsi* n'avait pas d'œufs. Il y avait probablement castration parasitaire.

L'*Aspidophryxus Sarsi* est remarquable par le volume très considérable de ses œufs et leur petit nombre : deux caractères tout à fait exceptionnels chez les Épicarides et qui rendent très désirable l'étude embryogénique de cette espèce. La métamorphose doit être probablement très abrégée.

III. — Genre NOTOPHRYXUS G.-O. Sars, 1882.

Caractères génériques. — Corps de la femelle symétrique, un peu déprimé, nettement segmenté dans le milieu de la surface dorsale seulement ; parties latérales dilatées et gonflées. Tête plus ou moins proéminente, indistinctement séparée du côté postérieur. Abdomen non articulé, lamelliforme, concave en dessous. Antennes rudimentaires indistinctement articulées, deuxièmes paires terminées en pointe conique à l'extrémité. Cinq paires de pattes réunies en un espace étroit de part et d'autre de la région buccale, et toutes semblablement conformées en organes d'accrochement incomplètement articulés. Pas de lames incubatrices. Partie postérieure du corps sans aucune espèce d'appendices.

Le mâle ressemble au mâle des *Phryxus*. Son corps est nettement segmenté : il a sept paires de pattes préhensiles et un abdomen inarticulé.

Parasites sur les Podophthalmes inférieurs (Schizopodes).

Remarques. — Par la structure absolument symétrique du corps de la femelle et par l'absence des deux paires de pattes postérieures, ce genre concorde avec le genre *Dajus* Kr. (*Leptophryxus* Buchholz), mais il en diffère par d'autres caractères et notamment par la structure de l'abdomen.

Sars indique de plus comme caractère différentiel l'absence de lamelles incubatrices, mais il y a tout lieu de supposer que cette différence ne repose que sur une erreur d'observation.

Le genre *Notophryxus* est certainement très voisin des *Aspidophryxus*, mais il se distingue de ce dernier par la forme des
antennes chez la femelle et par l'absence d'uropodes chez le mâle,
dont l'abdomen est d'ailleurs tout à fait dépourvu de segmentation.
La forme générale de la femelle est aussi assez différente et la métamérisation beaucoup moins nette que chez les *Aspidophryxus*.

6. — **Notophryxus ovoïdes** G.-O. SARS (Fig. 6).

1882. *Notophryxus ovoïdes* G.-O. Sars, Oversigt af Norges Crustaceer, Christiania (Vidensk. Forhandl., 1882, n° 18, p. 71,
Tab. 2, fig. 9-11).
1886. *Notophryxus ovatus* (sic) G.-O. Sars, Norske Nordhavs Exped. 1876-78,
XIV, Zoology Crustacea, 1, p. 137.

Hôte : Sur le dos du 3e segment du pléon d'*Amblyops abbreviata*,
G. O. Sars.

Habitat : Côtes occidentales de Norvège (G. O. Sars).

Femelle : Corps symétrique ovoïde, à dos légèrement convexe
indistinctement segmenté ; ventre canaliculé à la partie médiane,
cotés renflés ; front légèrement proéminent, arrondi, tronqué. Pas
d'yeux. Antennes assez grandes, lamelliformes cachées sous le front,
celles de la 2e paire faisant légèrement saillie au dehors. Seulement
cinq paires de pattes situées à la partie antérieure de la face ventrale, sur les côtés de l'aire buccale et présentant la structure habituelle. Pas de lames incubatrices (1). Pléon petit, non saillant chez
les adultes, presque semi-circulaire, dépourvu d'appendices. Couleur
d'un roux pâle ; longueur $3^{mm},5$,

Mâle : Corps étroit nettement segmenté. Tête soudée au premier
segment du tronc, aplatie, front arqué. Antennes de la première
paire rudimentaires ; celles de la seconde paire allongées, sétiformes,

(1) Très probablement ces lamelles existent, mais très réduites, comme chez *Dajus*.

bien articulées. Pièces buccales transformées en un tube conique saillant en avant. Six (1) paires de pattes préhensiles assez robustes à propodite très renflé, dactylopodite fort et courbé. Pléon composé d'un segment unique grand et épais dépourvu d'appendices. Long. 1^{mm}.

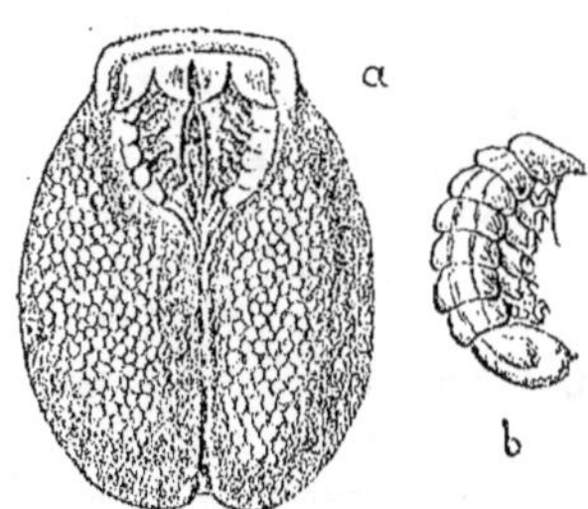

Fig. 6. — *Notophryxus ovoïdes*
(d'après G.-O. Sars).

a, femelle vue par la face ventrale;
b, mâle vu de profil.

G. O. Sars a figuré cette espèce (*Norges Crustaceer*, Tab. 2, fig. 9) comme si elle était fixée, la tête tournée du côté de la tête de son hôte. Cette position, si elle est réelle, serait tout à fait exceptionnelle. Tous les Épicarides connus ont en effet la tête tournée vers la partie postérieure de leur hôte. Peut-être le parasite s'était-il détaché de l'*Amblyops* et a été replacé par erreur en sens inverse pour le dessin ?

7. — Notophryxus clypeatus G.-O. SARS,

1876. *Dajus mysidis* G.-O. Sars, (nec Kroeyer). Prodr. descript. Crust., *Archiv Math. og Naturvid*.

1880. *Leptophryxus clypeatus* G.-O. Sars, Crustacea et Pycnogonida nova in itinera 2do et 3^{tio} expeditionis Norwegiæ, anno 1877 et 1878 collecta (Prodromus descriptionis) separataftryk af *Archiv for Math. og Naturvid.*, 4 Bd., n° 11.

1882. *Notophryxus clypeatus* G.-O. Sars, Oversigt af Norges Crustacea (Christiania Vidensk. Forhandl., 1882, n° 18, p. 71).

1886. *Notophryxus clypeatus* G.-O. Sars, Norske Nordhavs Exped. 1876-1878, XIV, Zoologi Crustacea, 1, p. 136-137, Pl. xi, fig. 30-33.

(1) Il est vraisemblable que le mâle a 7 paires de pattes comme celui d'*Aspidophryxus* et que la première paire a échappé à Sars, chez cette espèce comme chez la précédente

Hôte : Sur le dos de la carapace de *Pseudomma roseum* G. O. Sars.

Habitat : Un seul spécimen provenant du banc de Storeggen, profondeur de 417 brasses (G. O. Sars). L'exemplaire de *Pseudomma* parasité était remarquablement grand.

Caractères spécifiques. — Corps de la femelle oblong-ovale ; tête fortement saillante en cône tronqué à son extrémité ; abdomen scutiforme constitué par une large plaque semi-circulaire. Mâle fixé sous le bouclier caudal. Couleur jaune pâle. Longueur de la femelle 5^{mm} ; longueur du mâle un peu plus d'un millimètre.

Par sa plaque caudale fortement développée et sa tête saillante en cône à la partie antérieure, la femelle de cette espèce se distingue facilement des autres formes du même genre, avec lesquelles elle concorde, d'ailleurs, par ses caractères essentiels.

Femelle. — Le corps est parfaitement symétrique, un peu déprimé et d'un contour oblong-ovale, presque fusiforme. La plus grande largeur (vers le milieu) dépasse un peu la moitié de la longueur. Uniformément atténuée, la partie antérieure se termine en une saillie frontale obtuse ou faiblement incurvée à son extrémité , sans toutefois qu'il y ait une séparation bien nette entre la tête et la région qui lui fait suite. La surface dorsale est un peu arquée vers le milieu avec quatre sutures transverses qui indiquent les limites d'autant de segments. Ces segments sont séparés sur les côtés par des lignes bien nettes d'avec les parties latérales du corps, lesquelles, pas plus que la face ventrale, ne montrent la moindre trace de segmentation, mais forment conjointement un vaste réceptacle à parois fines, dans lequel sont renfermés en très grand nombre de forts petits œufs. Ce réceptacle ou *marsupium* , qui occupe la plus grande partie de la surface ventrale du corps et se projette en partie de chaque côté, est aplati ou légèrement concave dans son milieu. Il n'est pas constitué par des lames incubatrices distinctes comme chez la plupart des autres Épicarides , mais il paraît exclusivement formé par

la peau du corps , qui , en cette région , est amincie et plus transpa-
rente (1).

Les appendices de l'animal présentent comme chez les autres
Épicarides , une structure très rudimentaire. Leur segmentation est
peu distincte. Ils sont tous réunis dans un espace relativement
limité, à la partie antérieure du corps et forment ensemble une petite
aire presque quadrangulaire , un peu déprimée à son centre et
limitée antérieurement par une plaque frontale assez large en forme
de croissant.

Antérieurement, sur la ligne médiane, on voit deux larges plaques
de forme triangulaire , se touchant du côté interne et se projetant
un peu au dehors par leur angle externe. Ce sont évidemment les
antennes de la première paire.

De chaque côté de ces plaques se trouvent des appendices d'une
forme différente représentant la seconde paire d'antennes. Celles-ci
sont proéminentes, flexueuses en forme d'S et font saillie de chaque
côté sous forme de prolongements coniques, sur lesquels on peut
distinguer une couple de soies rudimentaires.

Au-dessous des antennes et vers le milieu de l'aire quadrangulaire
sus-mentionnée, on observe une proéminence oblongue triangulaire
qui représente, semble-t-il, les appendices buccaux transformés en
une sorte d'appareil de succion dont la structure n'a pas été examinée
avec soin.

De chaque côté de l'aire buccale il y a cinq paires de saillies dont
la plus antérieure n'est pas nettement séparée de la plaque frontale. A ces cinq saillies sont attachées cinq paires de pattes préhensiles incomplètement développées. Celles-ci sont toutes semblables
entre elles, très courtes, obliquement dirigées vers l'intérieur et
vers la région buccale. Leurs extrémités un peu dilatées sont
armées d'une griffe dirigée inférieurement.

Mâle. — Le mâle adhère à la surface ventrale de la femelle près
de la base de la plaque caudale. Il est excessivement petit et semblable en apparence au mâle des *Phryxus.* Le corps est relativement
étroit et nettement segmenté avec des constrictions profondes entre

(1) Il y a évidemment ici la même erreur que nous avons déjà relevée dans la description d'*Aspidophryxus*.

,es segments. La tête anguleuse et presque semi-circulaire porte à sa surface inférieure deux paires d'antennes, dont la seconde est assez grande et filiforme. Il y a en outre un appareil du succion. Les sept segments thoraciques sont tous de même grandeur et de même apparence ; chacun d'eux est muni d'une paire de pattes préhensiles conformées comme chez la femelle. La partie postérieure du corps ne comprend qu'un seul segment assez grand, obliquement tronqué à son extrémité sans trace d'appendices.

La couleur chez le mâle comme chez la femelle est d'un jaune pâle ; les œufs dans la cavité incubatrice de la femelle sont blanchâtres avec une légère teinte rose.

8. — **Notophryxus lateralis** G.-O. SARS (fig. 7).

1885. *Notophryxus lateralis* G.-O. SARS, Report on the Schizopoda, the voyage of H. M. S. *Challenger*, vol. XIII, append. p 220, Pl. xxxviii, fig. 10.

Hôte : *Nematoscelis megalops* G. O. SARS.

Habitat : Atlantique Sud, 9 mars 1876 (*Challenger*).

Cette espèce a le corps sacciforme indistinctement segmenté. Les cinq paires de pattes adhésives du thorax sont rapprochées à la partie antérieure de la face ventrale sur les côtés de l'aire buccale.

Fig. 7.

Notophryxus lateralis (d'après G.-O. SARS).

Femelle vue par la face ventrale ;
♂, le mâle.

Sa position sur le Schizopode est assez anormale. Au lieu d'être attaché comme d'habitude sur la face dorsale, le parasite est fixé sur l'un des côtés du corps, d'une façon plus précise, sur la pénultième branchie. C'est pour ce motif que Sars l'a nommé *N. lateralis*.

Il a été trouvé sur deux individus de *Nematoscelis megalops*.

9. — **Notophryxus globularis** G.-O. SARS. (Fig. 8).

1885. *Notophryxus globularis* G.-O. Sars, Report on the Schizopoda, the Voyage
of H. M. S. *Challenger*, vol. XIII , app. p. 220
Pl. xxxviii, fig. 11.

Hôte : *Thysanoessa gregaria* G. O. Sars.

Habitat : Océan Pacifique Nord, 10 juillet 1875 (*Challenger*).

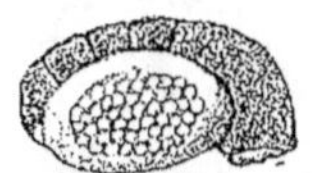

Cette espèce diffère des autres *Notophryxus* par sa forme relativement plus trapue et plus épaisse. De là le nom de *N. globularis*.

Elle a été trouvée une seule fois sur la partie postérieure de la face dorsale de la carapace d'un *Thysanoessa gregaria*.

Fig. 8.
Notophryxus globularis.
(d'après G.-O. Sars).
Femelle vue de profil.

IV. — Genre HETEROPHRYXUS G.-O. Sars, 1885.

10. — **Heterophryxus appendiculatus** G.-O. SARS (Fig. 9).

85. *Heterophryxus appendiculatus* G.-O. Sars , Report on the Schizopoda ,
the Voyage of H. M. S. *Challenger*, vol.
XIII, appendix, p. 220, Pl. xxxviii, fig. 8.

Hôte : *Euphausia pellucida* Dana.

Habitat : Iles du Cap Vert (*Challenger*, G. O. Sars).

Par sa forme extérieure et sa position relative sur le corps du Schizopode auquel elle est attachée, cette espèce montre une étroite ressemblance avec la forme norwégienne *Aspidophryxus pellatus* G. O. Sars. Néanmoins elle ne peut être convenablement placée dans le même genre. En effet, les pattes adhésives ne sont pas rapprochées les unes des autres à la partie antérieure et sur les côtés d'une aire médiane très étroite, mais elles sont disposées le long des bords latéraux du corps, les quatre paires antérieures situées sur les cotés de la moitié antérieure tandis que la cinquième paire naît loin et en arrière des autres vers l'extrémité postérieure du corps. De plus, cette paire de pattes postérieures possède une structure particulière : elle se présente sous la forme de deux grands appendices dirigés en arrière et bifurqués à leur extrémité.

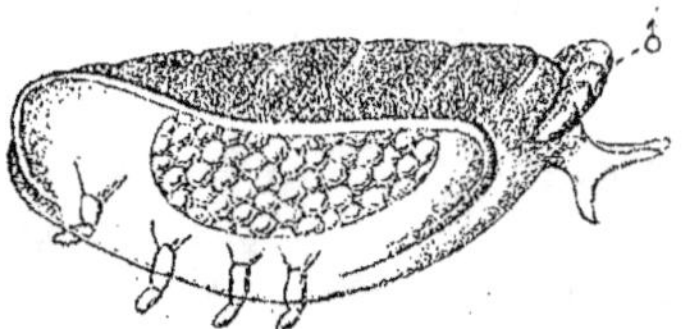

Fig. 9.

Heterophryxus appendiculatus
(d'après G.-O. Sars).

Femelle vue de profil ; ♂, le mâle.

Le corps est très nettement segmenté dans la partie médiane et marbré dans cette région de nombreuses taches pigmentaires, tandis que les parties latérales fortement renflées en forme de voûtes sont complètement lisses et pellucides et reçoivent les ovaires avec leurs œufs nombreux et bien visibles à travers leurs parois (1). Le mâle adhérait à l'extrémité postérieure du corps de la femelle au rudiment de la queue. Il présentait une structure tout à fait analogue à celle du mâle d'*Aspidophryxus*.

Un seul spécimen de ce parasite a été trouvé sur *Euphausia pellucida*.

(1) Il nous paraît bien probable d'après ce que nous avons vu chez *Dajus*, chez *Aspidophryxus* et chez *Podascon*, que G.-O. Sars a pris pour les ovaires la cavité incubatrice remplie d'œufs pondus. Les œufs ovariens n'apparaissent pas nettement d'ordinaire à travers les parois du corps chez les Épicarides.

V.

Considérations générales.

Il y a quelques années, dans *Bronn's Classen und Ordnungen* (*Crustacea*), GERSTAECKER entrevit les rapports du genre *Dajus* avec les *Cryptoniscidæ*.

En 1887, dans l'essai de classification phylogénique des Epicarides qui fait suite à notre monographie des Entonisciens (1), nous avons été conduit à la même idée et nous avons indiqué les principales raisons qui militaient en sa faveur. Mais les données que nous possédions alors sur la morphologie des *Dajidae* étaient bien insuffisantes. La plupart des zoologistes (FRAISSE, KOSSMANN, etc.) attribuaient au genre *Dajus* une valeur à peine égale à celle des genres *Bopyrus*, *Gyge*, etc.; WALZ allait même jusqu'à réunir les *Dajus* aux *Phryxus* et CLAUS ne citait même pas le genre dans son *Traité de zoologie*.

Grâce aux travaux de BUCHHOLZ (**III**), de G. O. SARS (**V, VIII** et **IX**) et à nos recherches personnelles, nous pouvons aujourd'hui fournir de nouveaux arguments pour justifier la position que nous attribuons à la famille des *Dajidæ* sur l'arbre généalogique des Epicarides.

L'existence de cinq paires de pattes thoraciques chez les femelles de tous les *Dajidæ* est un fait morphologique dont la signification est très importante. Cette disposition rappelle un état embryonnaire transitoire chez les autres Bopyriens et elle a une tendance à persister chez certains *Cryptoniscidæ*. D'après FRAISSE, la jeune femelle de *Cryptoniscus curvalus* (*Danalia curvata*) sous la 2ᵉ forme larvaire (notre stade cryptoniscien) présente seulement cinq paires de pattes thoraciques. Chez la femelle adulte et complètement dégradée de *Podascon Della Vallei*, nous avons trouvé également cinq rudiments de pattes thoraciques.

La conformation de la cavité incubatrice des *Dajidæ* a aussi une haute importance pour l'interprétation de la cavité incubatrice en

____

(1) GIARD et BONNIER, Contribution à l'Étude des Bopyriens, p. 221.

apparence si bizarre des *Cryptoniscidœ*; tandis que chez tous les autres Epicarides la cavité incubatrice est constituée presque exclusivement par les lamelles incubatrices et chez quelques-uns par les lamelles et la carapace de l'hôte qui vient compléter ces dernières, nous voyons chez les *Dajidœ* les côtés du corps se replier ventralement et se gonfler pour jouer le rôle de sac incubateur. D'où il résulte que les lamelles perdent peu à peu leur importance et que la dernière paire paraît seule jouer un rôle dans l'incubation en fermant en arrière la cavité incubatrice.

La même disposition se retrouve à son maximum chez les *Cryptoniscidœ*, de telle sorte que, chez ces animaux, les œufs quoique situés extérieurement à la surface ventrale du corps de l'animal paraissent à l'intérieur. De là l'erreur singulière de FRAISSE qui a prétendu que les œufs des *Cryptoniscus* étaient incubés dans la cavité du corps. Cette erreur a été très bien réfutée par KOSSMANN. L'étude que nous avons faite de la cavité incubatrice de *Dajus* et d'*Aspidophryxus* vient compléter la démonstration.

Une particularité non moins intéressante au point de vue qui nous occupe est le recourbement vers le côté ventral de la partie antérieure et de la partie postérieure du corps des *Dajidœ*. Ce recourbement, joint au reploiement latéral dont nous venons de parler, détermine à la partie antérieure l'aire buccale (*area oralis* SARS) qui deviendra l'ouverture antérieure de la chambre incubatrice des *Cryptoniscidœ* (*vorderes Athemloch* FRAISSE). A la partie postérieure la même disposition donne naissance à l'ouverture postérieure de la chambre des Cryptonisciens (*hinteres Athemloch* FRAISSE). Nous exposerons tous ces faits avec plus de détails dans un travail sur les *Cabiropsidœ* et sur le genre *Podascon* en particulier, travail dont nous amassons en ce moment les matériaux.

Pour le sexe mâle, les rapports des *Dajidœ* avec les *Cryptoniscidœ* se manifestent surtout par la haute organisation de la larve cryptoniscienne et la longue durée probable de ce stade explique la fréquence relative avec laquelle on l'a rencontré. On sait que chez certains *Cryptoniscidœ* la larve cryptoniscienne après avoir fonctionné un temps assez long comme mâle est susceptible de se transformer en femelle en gardant seulement un rudiment des organes mâles.

Il est difficile de préciser aujourd'hui les rapports phylogéniques des divers genres connus de *Cryptoniscidæ*. Le genre *Dajus* montre avec les Phryxiens des affinités incontestables. Le passage s'est fait vraisemblablement par les formes de Phryxiens sous-abdominales si fréquentes chez les Eukyphotes.

Le *Notophryxus lateralis*, qui deviendra sans doute plus tard le type d'un genre nouveau, nous indique une tendance manifeste à la vie branchiale et présentera sans doute des affinités avec les Gygiens.

Le genre *Heterophryxus* enfin mérite d'attirer particulièrement notre attention. Nous avons vu que chez la plupart des *Dajidæ* tandis que la métamérisation est bien conservée du côté dorsal il y 'une tendance de tous les appendices ventraux à se porter en avant autour d'un espace étroit, l'aire buccale, qu'il serait mieux d'appeler l'aire sous-buccale. On pourrait supposer que dans le passage aux Cryptonisciens ces appendices ont fini par disparaître en constituant les rudiments assez mal définis que FRAISSE a signalés dans le voisinage de l'ouverture antérieure de *Cryptoniscus paguri*. Mais l'*Heterophryxus* nous prouve qu'un autre mode de passage est possible entre les *Dajidæ* et des formes telles que le *Podascon*, voisines à tant d'égard des *Cryptoniscidæ*. Chez *Heterophryxus*, en effet, les pattes thoraciques ont gardé leur position normale et il suffirait de supposer une réduction plus complète de ces appendices pour arriver à homologuer ce Dajien avec *Podascon Della Vallei*.

Sans nous prononcer d'une façon tout à fait affirmative, puisque nous ne connaissons l'*Heterophryxus appendiculatus* que par les dessins de G. O. SARS, nous croyons que la première paire de pattes thoraciques, sans doute très rapprochée de la tête, n'a pas été vue par le savant Norvégien. L'appendice postérieur que SARS a pris pour la cinquième paire de pattes deviendrait alors une *sixième* paire tout à fait invraisemblable chez les *Dajidæ*. Mais nous pensons que cet appendice n'est nullement un membre thoracique et qu'il correspond à l'extrémité de la dernière lame incubatrice, laquelle chez *Aspidophryxus Sarsi* se termine déjà, comme nous l'avons vu, par une sorte de bifurcation assez compliquée (Voir Pl. VIII, fig. 6).

Ces quelques considérations, malheureusement bien insuffisantes, montrent l'importance et l'intérêt que présenterait un examen approfondi des divers types de la famille des *Dajidæ*. Faut-il ajouter que nous ne savons rien de l'embryogénie de ces animaux et que l'étude de leur développement jetterait peut-être quelque lumière sur la phylogénie encore si mal connue des Isopodes. Puissions-nous par ce travail inciter les zoologistes à s'occuper un peu de ce groupe aujourd'hui si négligé des Épicarides inférieurs.

VI.

Bibliographie.

I. 1842. KROEYER, Voyage de la Commission scientifique du Nord en Scandinavie, en Laponie, au Spitzberg et aux Féroë, pendant les années 1838-40, sur la corvette *la Recherche,* publié par ordre du Roi, sous la direction de P. GAIMARD. Atlas, Crustacés, Pl. 28, fig, 1*a*, 1*b*.

II. 1867. PACKARD A. S. Junior, Observations on the glacial Phenomena of Labrador and Maine with a view of the recent Invertebrate Fauna of Labrador, *Memoirs of the Boston Society of Nat. Hist.,* vol. I, part, 2, p. 295-303, pl. 8.

III. 1874. BUCHHOLZ, Die Zweite Deutsche Nordpolarfahrt in den Jahren 1869-70, Zweiter Band, Wissenschaftliche Egebnisse Zoologie, Leipzig, 288, taf. II, fig. 2.

IV. 1880. G.-O. SARS, Crustacea et Pycnogonida nova in itinere 2do et 3tio expeditionis Norvegicæ, anno 1877 et 78 collecta. (Prodromus descriptionis) Separataftryk af *Archiv for Math. og. Naturvid.,* 4 Bd., n° 11.

V 1882. G.-O. SARS, Oversigt af Norges Crustaceer, *Christiania Videnskab. Forhandl.,* n° 18, p. 70-73, Tab. II, fig. 9-15.

VI. 1882. P. P. C. HOEK. Die Crustaceen gesammelt während der Fahrten des « Willem Barents » in den Jahren 1878-79, *Niederland. Archiv für Zoologie*, Suppl. Band, 1, p. 37-41, Taf. II, fig. 23-28.

VII. 1882. GERSTÆCKER, Bronn's Classen und Ordnungen, Bb. V, II Abth. Arthropoda, p. 236.

VIII. 1885. G.-O. SARS, Report on the Schizopoda, *the Voyage of H. M. S. Challenger*, vol. XIII, appendix, p. 219-221, pl. xxxviii.

IX. 1886. G.-O. SARS, Den Norske Nordhavs-Expedition 1876-78. Zoologi, Crustacea, XIV, p. 137, Pl. xi, fig. 30-33, XV, p. 36.

X. 1886. STUXBERG, Faunan Novaja Semlja, Vega Exped. Vet. Arbet., Bd. V, p. 60.

XI. 1886. HANSEN H.-J., Oversigt over de paa Dijmphna-Togtet indsamlede Krebsdyr, Særtryk af *Dinyphna-Togtets zoologisk-botaniske Udbytte*, p. 22.

XII. 1887. H.-J. HANSEN, Oversigt over det vestlige Grœnlands Fauna af malakostrake Havkrebsdyr, Særtryk af *Vidensk. Meddel. fra den Naturh. Foren i Kjobh.*, p. 197-198.

XIII. 1889. GIARD et BONNIER, Sur la morphologie et la position systématique de la famille des Dajidæ, *Comptes-rendus de l'Académie des Sciences, 13 Mai*.

Wimereux, le 30 Août 1889.

EXPLICATION DES PLANCHES.

PLANCHE VI.

Dajus mysidis KROEYER.

Fig. 1. — Femelle adulte vue par la face ventrale.

> ♂, mâle ; l_4, première lame incubatrice ; l_5, cinquième lame ; pl_4, premier pléopode.

Fig. 2. — Femelle adulte vue de $\frac{3}{4}$.

> l_5, cinquième lame incubatrice ; *ch*, chambre incubatrice latérale ; *ur*, uropode.

Fig. 3. — Partie antérieure du thorax vue par la face ventrale.

> an^1, an^2, antennes antérieures et postérieures ; *hyp*, hypostome ; *pm*, maxillipède ; l_4, l_5, lames incubatrices.

Fig. 4. — Segment céphalique vu par la face ventrale.

> an^1, an^2, les antennes ; *md*, mandibule ; *hyp*, hypostome ; mx^1, mx^2, maxilles ; *mxp*, maxillipède ; *pt*, pièce triangulaire.
>
> (Le maxillipède gauche est enlevé).

Fig. 5. — Pléon vu par la face ventrale.

> pl^1, pléopode de la première paire ; *end*, son endopodite ; *ex*, son exopodite ; pl^5, pléopode de la cinquième paire ; *ur*, uropode.

PLANCHE VII.

Dajus mysidis KROEYER.

Fig. 1. — Mâle adulte vu de profil.

> an^1, antennes internes ; an^2, antennes externes.

Fig. 2. — Tête du mâle vue par la face ventrale.

> an^1, an^2, les antennes ; *hyp*, hypostome ; *md*, mandibule ; *mx*, maxille ; *mxp*, maxillipède ; *ec*, épaississement chitineux ; pt^1, pt^2, pattes thoraciques des deux premières paires.

Fig. 3. — Maxillipède de la femelle adulte.

> *c*, coxopodite ; *b*, basipodite ; *e*, épipodite.

Fig. 4. — Antennes de la femelle.

> *an¹*, antenne interne ; *an²*, antenne externe.

Fig. 5. — Les trois premiers péréiopodes de la femelle dans leurs positions respectives.

> *L¹*, première lamelle incubatrice ; *pe*, poche externe ; *L²*, *L³*, deuxième et troisième lamelles incubatrices.

Fig. 6. — Coupe longitudinale de la première lamelle incubatrice.

> *fi*, face interne ; *fe*, face externe ; *pe*, poche externe ; *pi*, poche interne.

Aspidophryxus Sarsi GIARD et BONNIER.

Fig. 7. — Mâle adulte vu de profil.

> *an¹*, *an²*, antennes ; *r*, rostre ; *ur*, uropode.

PLANCHE VIII.

Aspidophryxus Sarsi GIARD et BONNIER.

Fig. 1. — Femelle adulte fixée sur *Erythrops microphthalma* G. O. SARS.

> ♂, mâle adulte.

Fig. 2. — Femelle vue par la face dorsale.

> *e*, tube digestif ; *h*, foie ; *cœ*, cœur ; *s*, traces des somites.

Fig. 3. — Femelle vue par la face ventrale.

> *c*, céphalon ; *oa*, ouverture antérieure ; *op*, ouverture postérieure de la cavité incubatrice ; *pl*, pléon ; *a*, anus ; *œ*, œufs pondus.

Fig. 4. — Partie médiane de la face ventrale de la femelle.

> *an²*, antenne inférieure ; *mxp*, maxillipède ; *L₁*.... *L₅*, lamelles incubatrices de la première à la cinquième paire.

Fig. 5. — Vue principale de la femelle.

> *b*, basipodite ; *i*, ischiopodite ; *m*, méropodite ; *c*, carpopodite ; *p*, propodite ; *d*, dactylopodite.

Fig. 6. — Extrémité inférieure de la cinquième lamelle incubatrice.

NOTE SUR L'*ASPIDŒCIA NORMANI* ET SUR LA FAMILLE DES *CHONIOSTOMATIDÆ*,

PAR

ALFRED GIARD ET JULES BONNIER.

Planches X-XI.

Bibliographie.

I. 1842. KROEYER. Monografisk Fremstilling af Slaegten Hippo-lytes Nordiske Arter (*Vidensk. Selsk. Naturvid. og Mathem. Afh*, IX Deel., p. 264).

II. 1868. W. SALENSKY. *Sphæronella Leuckarti*, ein neuer Schma-rotzer Krebs (*Archiv für Naturgeschichte*, XXXIV Jahrg, I Bd, pp. 301-323, Pl. x).

III. 1884. MAX WEBER. Die Isopoden gesammelt waehrend der Fahrten des « Willem Barents » in das Noerdliche Eismeer (*Bijdragen tot de Dierkunde,* etc.). Ams-terdam, 1884, II, p. 35.

IV. 1885. G.-O. SARS. Report on the Schizopoda, Challenger, XIII, Appendix, p. 219.

V. 1886. H.-J. HANSEN. Oversigt over de paa Dijmphna-Togtet indsamlede Krebsdyr (*Dijmphna-Togtet Zoologisk-botaniske Udbytte*, pp. 271-278). — Voir aussi dans le résumé français publié quelque temps après par TH. HOLM sous le titre : *Coup-d'œil sur la faune de la mer de Kara* (*Résumé de la partie zoologique*), le passage relatif aux recherches de HANSEN sur les Crustacés et en particulier sur *Choniostoma* (p. 511).

VI. 1889. A. GIARD et J. BONNIER. Sur un Épicaride parasite d'un Amphipode et sur un Copépode parasite d'un Épicaride (*Comptes-rendus de l'Académie des Sciences*, 29 avril 1889).

L'exemplaire d'*Aspidophryxus Sarsi* G. et B. que nous avons décrit dans un mémoire précédent (1), était accompagné d'un curieux parasite Copépode dont l'étude nous a présenté de sérieuses difficultés.

Si les résultats que nous donnons ci-dessous paraissent insuffisants, nous prions le lecteur de se rappeler que nous n'avons eu à notre disposition qu'un spécimen unique. Encore cet unique exemplaire nous était-il seulement prêté pour l'étude et nous avons renvoyé à M. le Révérend A.-M. NORMAN le mâle et la femelle de notre Copépode après les avoir examinés aussi complètement que possible, sans en faire la dissection (2).

La taille de ces parasites est d'ailleurs si exiguë que nous n'avions pas d'abord soupçonné leur présence et qu'une étude attentive a seule pu nous révéler leur nature et leurs affinités.

L'*Aspidophryxus Sarsi* était fixé sur l'*Erythrops microphthalma* G.-O. SARS dans la position que SARS a déjà indiquée pour les autres espèces du même groupe. La partie pléale était seulement un peu plus relevée que d'habitude et laissait voir une partie du mâle de l'*Aspidophryxus* à l'extrémité du corps de la femelle (Pl. x, fig. 1). Dans l'angle formé par le corps de la femelle avec le dos de la *Mysis* on voyait plusieurs masses sphériques remplies d'œufs qui semblaient des sortes de hernies de la cavité incubatrice du Bopyrien. Comme d'ordinaire, les œufs des Épicarides s'éparpillent avec la plus grande facilité lorsqu'on entr'ouvre quelque peu leur cavité incubatrice, cet amas sphérique entouré d'une membrane nous paraissait bien étonnant, d'autant plus que la couleur des œufs n'était pas la même que celle des œufs de l'*Aspidophryxus*,

(1) GIARD et BONNIER, Sur les Epicarides de la famille des Dajidæ, *Bull. scientif.* T. XX, p. 252.

(2) En réalité, c'est l'*Aspidophryxus* qui nous était confié, l'*Aspidœcia* étant presque entièrement caché sous le Bopyrien que, grâce à l'extrême obligeance de M. NORMAN, nous avons pu étudier d'abord en place sur la *Mysis*, puis séparé de son hôte.

vus par transparence à travers le corps de la femelle. En soulevant celle-ci avec précaution, nous découvrîmes plus complètement les masses ovigères et il fut facile de reconnaître qu'elles formaient une pyramide ou plutôt une pile de boulets comprenant quatre sphéroïdes et reposant sur une masse arrondie plus volumineuse dont le contenu paraissait homogène (Pl. x, fig. 2); en arrière se trouvait un sixième sphéroïde difficile à examiner à cause de sa position.

L'idée nous vint alors que ce dernier et le plus volumineux des sphéroïdes étaient les corps de deux copépodes femelles de taille inégale, portant chacune deux paquets d'œufs dont l'enchevêtrement formait la pile de boulets. Mais en séparant tout à fait l'*Aspidophryxus* de la *Mysis* il nous fut facile de reconnaître que le dernier sphéroïde était semblable aux précédents et ne semblait homogène et comparable à la masse plus volumineuse que parce que les œufs qu'il contenait étaient en partie écrasés. Nous nous trouvions donc en présence d'un parasite très dégradé accompagné de cinq paquets d'œufs disposés comme des œufs de copépodes, mais différant de ces derniers par la multiplicité des sacs.

Dans l'angle compris entre l'*Aspidophryxus* et le corps de ce parasite, le dos de la *Mysis* était couvert d'une tache blanche assez grande. Une autre tache beaucoup plus petite se trouvait de l'autre côté du parasite. Examinée au microscope cette dernière tache se trouva être un mâle de copépode rappelant celui de *Sphæronella*. Quant à la première tache elle était formée uniquement d'une substance muqueuse coagulée par l'alcool.

Un second mâle était fixé sur le tégument même de la femelle. Ces mâles adhèrent au substratum, comme nous le verrons plus loin, par un filament spiral chitineux. La présence de plusieurs filaments rompus sur le corps de la femelle indique que les mâles se déplacent ou qu'ils ont été plus nombreux à un certain moment.

Enfin, en étudiant l'*Aspidophryxus*, nous vîmes avec étonnement que le mâle de cet Épicaride, au lieu d'être logé comme d'habitude dans la cavité pléale de la femelle, était accroché à une sorte de cordon dont l'une des extrémités adhérait au milieu de la face verticale du pléon de l'*Aspidophryxus*, tandis que l'autre extrémité semblait avoir été arrachée en séparant le Bopyrien de la Mysis et du second parasite.

Il nous paru probable, dès lors, que la femelle du copépode parasite était reliée à l'*Aspidophryxus* par un appareil fixateur ; d'un autre côté elle adhérait certainement à la Mysis par une ventouse que nous décrirons ci-dessous.

L'existence de paquets d'œufs multiples et la forme très particulière du mâle nous rappelèrent immédiatement le *Sphæronella Leuckarti* décrit naguère par Salensky (**II**)(1) et le *Choniostoma mirabile* récemment étudié par H. J. Hansen (**V**). C'est ainsi que nous avons été amenés à élargir la famille des *Choniostomatidæ* pour y faire entrer, d'une part, le genre *Sphæronella*, d'autre part le parasite nouveau de l'*Aspidophryxus*. Nous avons attribué à ce dernier le nom d'*Aspidæcia Normani* pour rappeler son habitat et pour donner au revérend A.-M. Norman le témoignage de notre respectueuse reconnaissance.

Le mâle de *Choniostoma* est malheureusement inconnu. D'autre part, nous ne connaissons pas l'embryon l'*Aspidæcia*. Dans les pages qui vont suivre, nous serons donc réduits à étudier d'une façon comparative :

1° Le mâle d'*Aspidæcia* et le mâle de *Sphæronella* ; 2° la femelle d'*Aspidæcia* et la femelle de *Choniostoma* (la femelle de *Sphæronella* s'écarte considérablement des précédentes); 3° la ponte d'*Aspidæcia*, celle de *Choniostoma* et celle de *Sphæronella*.

Nous consacrerons aussi quelques lignes à la comparaison des embryons de *Sphæronella* et de *Choniostoma* en nous servant pour cela des travaux de Salensky et de Hansen.

Description d'*Aspidæcia* mâle (Pl. xi).

L'*Aspidæcia* mâle mesure 150 μ. Il est donc plus petit que le *Sphæronella* mâle qui mesure 210 μ. Mais la forme générale de ces animaux est presque la même. Cette forme générale est assez compliquée et, mieux que toute description, la figure de notre

(1) Les chiffres romains en caractères gras reportent à l'index bibliographique de la page 341.

Planche xi et la figure I, placée ci-dessous, la feront comprendre. La carapace dorsale s'étend au-dessus de la tête en une sorte de capuchon trilobé dont le lobe médian est beaucoup plus développé que chez *Sphæronella*. Les lobes latéraux portent l'un et l'autre sur leur face interne les antennes de la première paire (*an*). Celles-ci sont beaucoup plus simples que chez *Sphæronella* (*a*). Au lieu d'être pluriarticulées, elles sont formées d'une saillie basilaire sur laquelle est inséré un article unique en bâtonnet terminé par une pointe courte. Les rebords ventraux du bouclier ou capuchon céphalique ne sont pas garnis de poils comme chez *Sphæronella*.

Sous le bouclier céphalique dans la région cervicale naît un filament chitineux contourné en spirale qui sert à fixer l'animal sur la

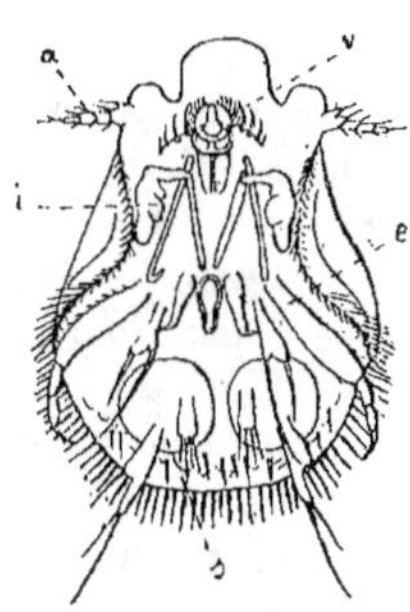

Fig. 1. — *Sphæronella Leucharti*
(d'après Salensky).

a, antenne ; *v*, ventouse ; *i*, maxillipède interne ;
e, maxillipède externe ; *s*, spermatophore.

femelle ou dans son voisinage : ce filament est secrété par deux grosses glandes cémentaires probablement homologues de celles qui servent à la fixation chez les Cirripèdes. Tout cet appareil fixateur paraît avoir disparu chez le mâle de *Sphæronella*.

Le suçoir et la ventouse sont conformés à peu près comme chez les autres Choniostomatidés. Mais l'étude de ces organes est des plus difficiles et nous sommes loin d'être arrivés à en comprendre d'une façon complète la morphologie.

La ventouse a la forme d'une surface de tronc-cône : la petite base, celle qui est située sur le corps même de l'animal, constitue un cercle chitineux autour duquel se trouve un autre contour chitineux en forme de cœur placé la pointe en haut. La membrane de la ventouse est soutenue par de fins rayons chitineux constituant les génératrices du tronc-cône. Ces rayons ont été vus par SALENSKY et par HANSEN dans la ventouse de *Sphæronella* et de *Choniostoma*. Mais le premier de ces observateurs les a considérés comme de simples replis de la membrane ; le second n'a pas vu la membrane et a pris les rayons pour des cils chitineux. Un examen très attentif peut seul permettre d'éviter cette double erreur. Immédiatement au-dessus de la ventouse se trouvent deux sortes d'oreillettes chitineuses à la base desquelles on observe deux petites dents, rudiments probables des mandibules. Ces organes ressemblent beaucoup à ceux qui ont été signalés par HANSEN avec la même signification chez la femelle de *Choniostoma*. SALENSKY au contraire a décrit et figuré chez les deux sexes de *Sphæronella* un appareil masticateur rudimentaire qui, par sa forme et sa position, diffère considérablement de celui que nous avons observé. A la partie inférieure de la ventouse au-dessous du cœur chitineux se trouve encore un rebord formé de deux demi-cercles également chitineux. En somme il est impossible de trouver dans les diverses parties de ces organes de fixation les pièces homologues de celles indiquées par SALENSKY chez *Sphæronella* et dont on trouvera plus loin la description (voir p. 359).

La première patte mâchoire (*mxpi*) est réduite à un long stylet droit aigu, beaucoup plus simple que l'organe correspondant du mâle de *Sphæronella*. La seconde patte mâchoire (*mxpe*), au contraire, se rapproche beaucoup de celle de *Sphæronella* mâle, et plus encore de celle de *Sphæronella* femelle ; elle est formée de trois articles : le premier est gros, trapu et porte une petite saillie sur sa face interne, le second et le troisième sont beaucoup plus courts et moins épais, le troisième se prolonge en une dent crochue à laquelle fait face un petit tubercule pointu correspondant à la soie qui existe en cet endroit chez *Sphæronella* femelle. Cette patte, comme d'ailleurs le reste du corps, est glabre et ne porte point de poils raides comme ceux qui existent chez le mâle de *Sphæronella*.

Les pattes nageoires font complétement défaut ou sont réduites à des appendices difficilement visibles (*pt*). Il n'y a plus trace de la furca. La partie postérieure du corps est divisée en deux renflements arrondis renfermant chacun une sphère à contour très net dont le contenu est formé par quatre sphères appliquées les unes contre les autres et déformées par pression réciproque comme les blastomères d'un œuf au stade *quatre* de segmentation. Ces deux sphéroïdes sont les spermathèques. Il en part de fins conduits déférents dont les rapports, soit avec l'extérieur, soit avec la glande génitale, n'ont pu 'être reconnus par nous. Il est probable toutefois par analogie avec ce que nous savons des autres Copépodes que les testicules sont placés du côté dorsal vers la base du bouclier thoracique et dans la partie inférieure de l'animal.

Outre les organes internes que nous avons signalés, on distingue dans la partie antérieure du bouclier céphalique et dans la deuxième paire de pattes mâchoires des muscles remarquablement nets et puissants dont la striation était admirablement conservée.

Description d'*Aspidæcia* femelle (Pl. x, fig, 1 à 5).

Le femelle l'*Aspidæcia* présente la forme d'un ovoïde irrégulier s'écartant peu de la sphère et dont le grand axe mesure environ $0^{mm},8$.

Du côté où il repose sur le *Mysis* cet ovoïde présente un aplatissement de la surface parallèle au grand axe. La couleur dans l'alcool est d'un jaune rosé, elle paraît avoir été plus intense à l'état vivant. Toute la surface de l'animal est recouverte par une cuticule épaisse très lisse sur laquelle on ne distingue d'autre organe que la ventouse, deux points bruns chitineux et deux ouvertures génitales. Si l'on regarde comme ventral le côté où se trouve la ventouse et si l'on admet que celle-ci désigne la partie antérieure du parasite, l'animal est plus que long et que haut, et il ressemble assez à une Sacculine en miniature. Les points bruns chitineux se trouvent vers le milieu de la surface dorsale et les deux ouvertures génitales vers l'extrémité de cette dernière.

La ventouse présente une structure beaucoup plus simple que chez *Choniostoma*; les rayons chitineux sont très nets et ne peuvent être confondus ni avec des poils, ni avec des plis de la membrane; l'organe chitineux en cœur est très net également (Pl. x, fig. 3). Cette figure doit être renversée pour la comparaison avec les parties homologues du mâle (Pl. xi) ou avec celles de la femelle de *Choniostoma*.

D'après Hansen (fig. II dans le texte) les deux pièces latérales chitineuses *r* correspondent à celles qui sont désignées par la lettre *a* dans le schéma de Hansen et qu'il appelle *annulus ipse*. Les deux pièces latérales plus internes correspondent à celles qui, chez le mâle, sont au-dessus de la ventouse et des oreillettes ; peut-être existe-t-il des traces de mandibules, mais les antennes et les autres appendices buccaux ont complètement disparu ainsi que la première paire de pattes mâchoires qui est conservée chez *Choniostoma*.

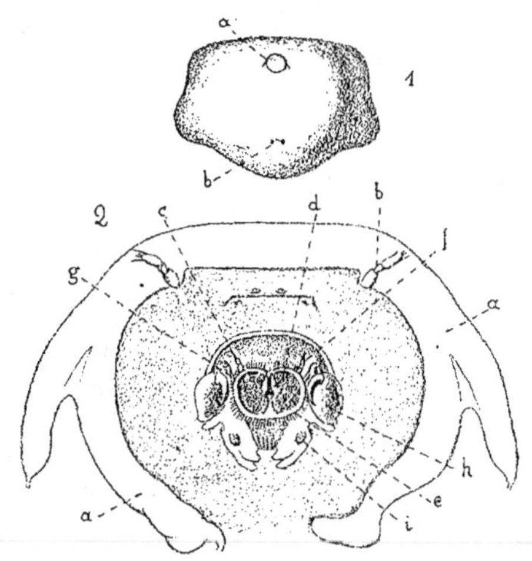

Fig. II. — *Choniostoma mirabile* (d'après Hansen).

1. Femelle adulte vue par la face ventrale : *a*, anneau chitineux ; *b*, points chitineux.

2. Anneau chitineux de la femelle vu par la face ventrale : *a*, anneau chitineux ; *b*, antenne de la première paire ; *c*, antenne de la seconde paire ; *d*, ouverture buccale, *e*, bord pileux de la bouche (voir la note 2, page 364) ; *f*, mandibule (?) ; *g*, maxille ; *h*, maxillipède de la première paire ; *i*, vestige du maxillipède de la deuxième paire (?).

Pour la femelle comme pour le mâle, il nous est impossible de décider si la bouche est située au fond de la ventouse, comme l'admettent Hansen et Salensky pour les types qu'ils ont étudiés, ou si cette ouverture se trouve à la partie supérieure de la ventouse, celle-ci servant uniquement à la fixation du parasite.

A la partie inférieure de la ventouse (Pl. x, fig. 3), on remarque une bordure de chitine claire (*ch*) qui correspond à la partie inférieure de l'*annulus* de Hansen. Vers le haut, au point où l'anneau est interrompu entre les deux pièces *v*, débouchent deux grosses glandes formées de culs-de-sacs tapissés d'un épithélium cylindrique très visible. Ce sont des glandes cémentaires que nous considérons comme homologues de celles du mâle et qui servent sans doute à sécréter le cordon dont nous avons trouvé le second point d'attache sous le pléon de l'*Aspidophryxus* (Pl. x, fig. 4).

Les deux points chitineux ont été vus également par Hansen chez la femelle de *Choniostoma* où ils sont réunis par une ligne très mince qui n'existe pas chez *Aspidœcia*.

Les ouvertures génitales sont d'une netteté remarquable (Pl. x, fig. 5). Un anneau chitineux assez épais les délimite. Le centre de cet anneau est garni par une membrane fortement tendue interrompue sur le bord inférieur par une ouverture en croissant sur laquelle vient s'insérer le pédoncule membraneux qui soutient les paquets d'œufs. Sur son pourtour l'anneau génital est percé en outre d'une petite ouverture qui se continue en un canal oblique servant évidemment à l'entrée des spermatozoïdes (fig. 5, *pf* pore de fécondation).

A l'intérieur du corps de la femelle nous n'avons pu distinguer qu'un hypoderme formé de grosses cellules polygonales et de volumineuses glandes ovariennes remplissant presque toute la cavité du corps. Dans le voisinage des ouvertures génitales, des masses d'un aspect moins nettement cellulaire représentaient sans doute les glandes collétériques. L'impossibilité où nous étions d'étudier l'animal par coupes ne nous a pas permis d'élucider plus complètement la structure interne de ce curieux parasite.

Les sphères ovigères ou paquets d'œufs étaient, comme nous l'avons dit, au nombre de cinq. L'un d'entre eux était encore attaché à l'ouverture génitale de la femelle, les autres adhéraient entre eux et formaient une petite pile de boulets triangulaire. Chaque paquet avait un diamètre de 0ᵐᵐ,3, le pédoncule mesurant 0ᵐᵐ,2. Il y avait dix œufs environ dans chaque paquet, soit cinquante œufs en tout à peu près. Chaque œuf a un diamètre de 100 μ environ. Ils sont donc plus volumineux que ceux de *Sphæronella* qui ont 18 μ de diamètre, et surtout que ceux de *Choniostoma* : ces derniers sont extrêmement petits, d'après la description et les figures de HANSEN, mais les sphères ovigères sont plus grosses (2^{mm},1) et renferment un plus grand nombre d'œufs (*ova pernumerosa et perminuta*).

De même que chez *Sphæronella* et chez *Choniostoma*, les diverses sphères ovigères renferment des œufs qui sont tous au même degré d'évolution dans une même sphère, mais à des degrès différents dans les différentes sphères. Les plus avancés étaient segmentés au stade *quatre*. Les quatre blastomères étaient absolument égaux et présentaient de gros noyaux.

Si la segmentation est inégale comme chez *Sphæronella*, l'inégalité ne commence donc vraisemblablement qu'au stade 8 au plus tôt, comme chez *Cancerilla tubulata*, et non pas dès le stade 2 comme cela paraît être chez *Sphæronella*.

Embryon des *Choniostomatidæ*.

L'embryon d'*Aspidœcia* nous est malheureusement inconnu. Il est vraisemblable d'après ce que nous savons des développements de *Sphæronella* et de *Choniostoma* et aussi d'après ce que l'un de nous a pu observer chez un autre Copépode parasite (*Cancerilla tubulata* DALYELL (1).) que l'embryogénie est condensée et que l'embryon sort de l'œuf sous une forme plus avancée que le *Nauplius*, mais nous ne pouvons dire si cet embryon passe par un stade nymphal et présente les phénomènes si curieux decouverts par SALENSKY chez la larve de *Sphæronella* (voir ci-dessous, page 362).

Quant aux embryons de *Choniostoma*, ils sortent de l'œuf sous une forme absolument comparable à l'embryon de *Sphæronella*. Il suffit pour s'en convaincre de jeter les yeux sur la figure III que nous empruntons aux mémoires de HANSEN et de SALENSKY. Toutefois l'œil nauplien qui existe bien développé dans le jeune *Sphæronella* a complètement disparu chez *Choniostoma*.

(1) Voir GIARD, Sur un Copépode (*Cancerilla tubulata* DALYELL), parasite de l'*Amphiura squamata* DELLE CHIAJE (Comptes-rendus de l'Académie des Sciences, 25 avril 1887).

L'embryon récemment éclos de *Cancerilla tubulata* ressemble aussi beaucoup à celui de *Sphæronella* et présente, comme celui-ci, un œil nauplien très net.

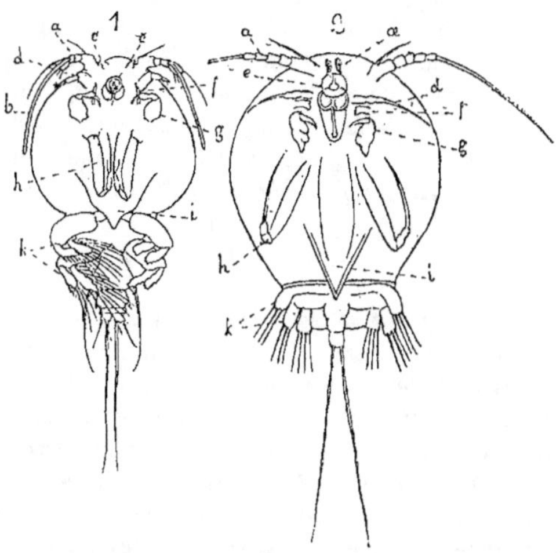

Fig. III. — 1. Embryon de *Choniostoma mirabile* vu par la face ventrale
(d'après Hansen).

a, antenne de la première paire ; b, *flagellum* de l'antenne ; c, *processus subconicus* ; d, antenne de la deuxième paire ; e, bouche infundibuliforme ; f, maxille ; g, maxillipède de la première paire ; h, maxillipède de la deuxième paire ; i, saillie triangulaire ; k, patte natatoire.

2. Embryon de *Sphæronella Leuckarti* vu par la face ventrale
(d'après Salensky).

œ, œil nauplien ; (les autres lettres comme dans la fig. 1).

Éthologie.

L'*Aspidœcia* doit-il être considéré comme parasite de l'*Aspido-phryxus* ou comme vivant directement aux dépens des *Mysis*? la question n'est pas aussi simple qu'elle le paraît au premier abord Nous savons qu'un cordon paraît attacher la femelle *Aspidœcia* au pléon de l'*Aspidophryxus*, mais dans l'exemplaire examiné le cordon était rompu. Il paraît être d'ailleurs un simple appareil d'adhérence et ne pas servir à la nutrition du parasite. Par sa ventouse buccale l'*Aspidœcia* adhérait au dos de la *Mysis*, mais cette ventouse peut aussi être considérée comme un organe d'adhérence et la nourriture pénétrant dans la bouche peut provenir du Bopyrien qui surplombe le Copépode. Quant aux mâles fixés, l'un sur la femelle, l'autre sur *Mysis* dans le voisinage de la femelle par un filament chitineux, leur rôle est surtout génital et ils ne paraissent prendre aucune nourriture à l'état adulte. L'examen de l'*Aspidœcia* ne nous permet donc aucune conclusion certaine. Voyons quels arguments peut nous fournir l'étude comparative des autres types de la famille des *Choniostomatidœ* ?

Le *Choniostoma mirabile* se trouve sur les côtés de la carapace thoracique d'*Hippolyte Gaimardii* sous des déformations tellement semblables à celles produites par les *Gyge* que Krœyer, Max Weber et Hansen déclarent unanimement qu'ils ont cru d'abord avoir affaire à ce Bopyrien. Max Weber est même resté dans cette erreur bien qu'il ait vu les paquets d'œufs de *Choniostoma* si différents de la ponte des Epicarides. Or, *Gyge hippolytes* occupe exactement tout l'espace compris dans le renflement thoracique des Hippolytes, la carapace de ces derniers s'étant déformée graduellement et régulièrement sous la pression du parasite. *Choniostoma*, au contraire, avec ses paquets d'œufs occupe un espace éminemment variable et on ne comprendrait pas qu'il produisît une déformation aussi régulière que celle de *Gyge* et si exactement semblable. Il nous paraît beaucoup plus vraisemblable d'admettre que le Copépode a infesté les Hippolytes déjà parasités par les *Gyge* et qu'il supplante les Epicacarides ou tout au moins profite pour se loger de la déformation produite par ces derniers.

Il y a cependant à cette manière de voir une objection dont nous ne nous dissimulons pas la valeur. Il est excessivement rare de trouver un Malacostracé infesté des deux côtés à la fois par le même Bopyrien et nous ne croyons pas que le fait ait jamais été constaté chez les Hippolytes infestés par les *Gyge*. Or, sur le très petit nombre (*huit*) d'Hippolytes qui ont été trouvés infestés par *Choniostoma*, deux portaient le parasite des deux côtés de la carapace (observations de Kroeyer et de Max Weber).

Néanmoins en rapprochant l'éthologie d'*Aspidœcia* de celle de *Choniostoma*, il nous semble bien probable qu'il existe un rapport soit de parasitisme soit de mutualisme entre ces parasites et les Epicarides des genres *Aspidophryxus* et *Gyge*.

Reste à considérer le troisième type de Choniostomatidés, *Sphœronella Leuckarti*. Salensky a trouvé ce parasite sous l'abdomen d'un Amphipode qu'il rapportait au genre *Amphiloe* mais qui, d'après Stebbing (*in litt.*), appartiendrait plutôt aux *Microdeutopus* ou aux *Autonoe*. On pourrait déjà dire que *Sphœronella* étant parasite d'un Arthrostracé, il y a une nouvelle présomption pour que *Choniostoma* et *Aspidœcia* soient aussi parasites du même groupe. Les différences considérables qui existent entre *Sphœronella* et les autres *Choniostomatidæ* seraient suffisamment expliquées par l'écart entre les Isopodes et les Amphipodes.

Mais il est possible peut-être d'aller plus loin. Nous avons fait connaître récemment un groupe nouveau d'Epicarides, les *Podascon*, parasites des Amphipodes (1). Les *Podascon* vivent sur les *Ampelisca* exactement dans les mêmes conditions que *Sphœronella* sur les *Amphiloe* et l'on peut se demander s'il n'a pas existé autrefois entre ces deux groupes de parasites des rapports analogues à ceux que nous avons cherché à démontrer entre les autres Choniostomatidés (*Aspidœcia* et *Choniostoma*) et certains Epicarides.

Toutes ces considérations sont sans doute fort hypothétiques, mais elles peuvent inspirer de nouvelles recherches et indiquer la voie aux investigateurs. Elles ont de plus l'avantage de rattacher par un lien éthologique commun les types de Copépodes si étranges qui constituent la famille des *Choniostomatidæ*.

Systématique.

Nous avons dans le cours de ce travail suffisamment démontré les liens de parenté qui unissent l'*Aspidœcia* d'une part avec le *Choniostoma* d'autre part avec le *Sphœronella*. Par suite de l'état actuel de la science, nous avons dû comparer le mâle d'*Aspidœcia*

(1) Depuis la publication de notre note sur *Podascon Della Vallei* parasite d'*Ampelisca diadema* Costa, notre ami Chevreux nous a envoyé trois nouvelles formes de *Podascon* rencontrées par lui au Croisic sur *Ampelisca spinipes* A. Boeck, *A. spinimana* Chevreux et *A. tenuicornis* Lilljeborg.

avec le mâle de *Sphæronella*, la femelle d'*Aspidœcia* avec la femelle de *Choniostoma*. Mais il est probable que si nous connais-sions le mâle de *Choniostoma* il se rapprocherait plus encore que *Sphæronella* de celui de l'*Aspidœcia*.

D'une manière générale comme on pouvait s'y attendre en raison de la parenté plus proche des hôtes, *Aspidœcia* est plus voisin de *Choniostoma* que de *Sphæronella*. Ces trois genres sont cependant très distincts et doivent constituer une famille nettement carac-térisée dans le groupe des Copépodes.

Cette famille est celle des *Choniostomatidæ* établie par H. J. Hansen pour le seul genre *Choniostoma* et dont la diagnose doit être quelque peu modifiée par suite de l'adjonction des genres *Sphæronella* et *Aspidœcia*.

H. J. Hansen (IV, p. 89) caractérisait ainsi les *Choniostomatidæ* « *Hæc familia nova a familiis ceteris differt : Ova pernumerosa globas nonnullas liberas, circum feminam adultam sub scutum cephalo thoracicum in Crustaceis ad Caridina pertinentibus, sitas, formantia ; ova perminuta globae cujusque in cute tenui communi inclusa sunt. Pullus ibi se evolvit sine stadio naupliiformi. Pullus nuper exclusus antennis parium primi et secundi, ore infundibuliformi, maxillis, pedibus maxillaribus primi et secundi parium, paribus duobus pedum natatoriorum instructus est.* »

Seul le premier de ces caractères, la multiplicité des paquets d'œufs disposés librement autour de la femelle, peut être conservé, mais il a une valeur telle qu'il suffirait à justifier la création de la famille. Il faut noter toutefois que les œufs très nombreux et très petits (*pernumerosa et perminuta*) chez *Choniostoma* sont seulement nom-breux et assez gros chez *Aspidœcia* et *Sphæronella*. Le caractère éthologique de l'habitat sous la carapace céphalothoracique des Ca-rides doit être abandonné comme ne convenant ni à *Sphæronella* ni à *Aspidœcia*. Enfin le caractère tiré de l'embryon, même en admet-tant qu'il soit applicable aux jeunes *Aspidœcia* dont le développe-ment n'est pas connu, ne peut être conservé non plus car il convient également aux embryons de Copépodes parasites appartenant à d'autres familles (par exemple *Cancerilla*).

Si l'existence d'un stade de nymphe constaté par Salensky chez *Sphæronella* venait à être observé également chez les autres genres, il y aurait là un nouveau caractère de haute valeur pour la famille des *Choniostomalidæ*. Cet état comparable aux *Hypopes* des Acariens n'a, en effet, été observé jusqu'à présent chez aucun autre Copépode.

Pour le moment on ne peut donner de la famille des *Choniostomalidæ* que la diagnose suivante :

Œufs nombreux formant des paquets sphéroïdaux enveloppés chacun d'une membrane et disposés librement autour de la femelle adulte ; animaux vivant sur d'autres crustacés (Eukyphotes, Schizopodes, Amphipodes) et occupant chez ces animaux la même position que des parasites Epicarides avec lesquels ils ont peut-être des rapports éthologiques.

Femelles plus ou moins dégradées ressemblant parfois à des Rhizocéphales. Mâles pygmées moins dégradés que les femelles présentant deux spermathèques énormes.

Embryon passant (toujours ?) par un stade nymphal comparable à l'état hypopial des Acariens.

La famille comprend trois genres qui peuvent être facilement déterminés à l'aide du tableau suivant :

1.
- Femelle adulte présentant une tête distincte et une région thoracique dégradée .... *Sphæronella* SALENSKY.
- Femelle adulte entièrement dégradée .... 2.

2.
- Femelle adulte présentant encore trace des deux paires d'antennes et des pièces buccales : œufs très petits .... *Choniostoma* H.-J. HANSEN
- Femelle adulte dépourvue d'antennes, présentant seulement des rudiments de pièces buccales : œufs relativement assez gros .... *Aspidœcia* G. et B.

Il est intéressant de remarquer la dégradation progressive des familles dans ces trois genres. *Sphæronella* occupe dans la famille des *Choniostomatidæ* une position tout à fait parallèle à celle de *Cryptothir* Dana (*Hemioniscus* Buchholz) dans la famille des Cryptonisciens.

Les familles qui se rapprochent le plus des *Choniostomatidæ* sont celles des *Chondracanthidæ* et des *Lernaeopodidæ* et des *Ascomyzontidæ*. Le mâle des *Chondracanthus* pourrait être comparé à celui de *Sphæronella* et d'*Aspidœcia*. Beaucoup de Lerneopodes présentent des appareils fixateurs analogues à ceux de *Choniostoma* et d'*Aspidœcia*, enfin l'embryogénie de *Cancerilla* (Ascomyzontidæ) rappelle beaucoup celle de *Choniostoma mirabile*.

Mais dans l'état actuel de la science, il impossible de pousser plus loin ces rapprochements. A l'exception de *Sphæronella*, les *Choniostomatidæ* connus ont été décrits d'après un très petit nombre d'individus conservés dans l'alcool et bien des points de leur organisation sont encore inconnus. Aussi devons-nous considérer comme tout à fait provisoires les diagnoses que nous donnons ci-dessous pour les divers genres et espèces de la famille.

I. — Genre Sphæronella Salensky, 1868.

Sphæronella Leuckarti Salensky.

Femelle (fig. IV) mesurant environ 1,5 mm. de long, de forme sphérique avec un segment céphalique relativement très petit. Toute la sphère correspond à la partie thoracique du corps des autres copépodes. La tête est recouverte par un bouclier trapéziforme très rétréci antérieurement. Les bords latéraux de ce bouclier se recourbent du côté ventral, tandis que le bord postérieur sépare nettement la région céphalique d'avec l'abdomen. Les rebords ventraux du bouclier sont garnis de poils. Son bord antérieur porte de petites échancrures pour l'insertion des antennes. Il s'agit ici des antennes de la première paire (composées de trois articles) les seules qui existent chez la femelle adulte. A l'état de repos, les antennes sont placées horizontalement. Chaque article porte une petite soie ; seul, l'article terminal se prolonge en une soie plus longue. Il n'y a pas de poils tactiles. Les pièces buccales forment un suçoir supporté par un squelette chitineux ; vu de profil, cet appareil paraît de forme conique.

La partie dorsale du squelette chitineux se compose d'une plaque quadrangulaire rétrécie antérieurement, et qui porte à chacun de

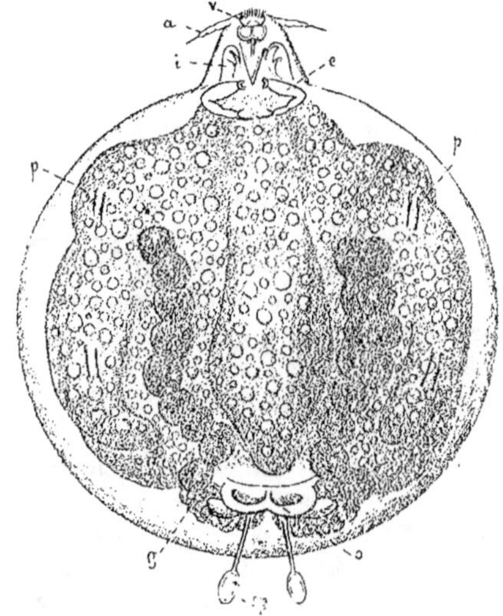

Fig. IV. — Femelle de *Sphæronella Leuckarti* (d'après SALENSKY).

a, antenne ; *v*, ventouse ; *i*, maxillipède interne ; *e*, maxillipède externe ; *p*, rudiment des pattes natatoires ; *g*, glandes collétériques ; *o*, plaque génitale ; *sp*, spermatophores.

ses angles postérieurs une épine au moyen de laquelle elle s'articule sur le bouclier céphalique. A la surface ventrale, le suçoir est recouvert par une plaque en losange allongé formée de deux pièces triangulaires, l'une droite, l'autre gauche, dont les bases se rejoignent en formant un angle obtus. La ligne longitudinale suivant

laquelle les deux pièces sont en contact forme un bourrelet notablement en saillie vers l'intérieur. Les parties latérales du suçoir
sont recouvertes de chaque côté par une bandelette chitineuse qui
part du bord latéral de la plaque dorsale, se dirige d'abord d'arrière
en avant et de haut en bas, puis se recourbe vers le haut pour con-
verger à la face antérieure avec la pièce antagoniste au-dessous de
l'extrémité de la plaque dorsale. Au-dessus de l'extrémité antérieure
de toutes les pièces du suçoir que nous venons de décrire, se trouve
un anneau également chitineux. Cet anneau se compose de deux
demi-cercles qui se rejoignent à la surface dorsale et à la surface
ventrale. Du côté ventral, les extrémités des deux demi-anneaux
forment, en se rejoignant, une saillie vers l'intérieur. L'appareil de
succion proprement dit, est constitué par une ventouse qui porte en
son centre une petite ouverture, la bouche. Le bord de la ventouse
est formé par une membrane dont les plis radiaires donnent l'illu-
sion d'une couronne de cils. Du côté dorsal, la ventouse présente
une entaille longitudinale qui est remplie par une baguette chitineuse. Cette baguette se termine postérieurement en un renflement
sphérique et se prolonge de chaque côté en une boucle chitineuse
longue et plate ; cette dernière se dirige vers le bouclier dorsal et
vient s'appuyer sur lui au point où les bandelettes chitineuses latérales du suçoir font saillie. La ventouse est rattachée à l'extrémité du
soutien par une mince membrane. Enfin, il faut encore signaler un
bâtonnet qui, de chaque côté, suit la plaque ventrale dans toute sa
longueur, s'amincit à l'extrémité supérieure pour s'unir à la pièce
antagoniste de l'autre côté en avant des bandelettes chitineuses
latérales. Ces bâtonnets servent de support aux mâchoires rudimentaires qui sont situées de chaque côté de la ventouse. Il y a deux
paires de mâchoires, toutes deux à un seul article et portant une
soie à leur extrémité (1).

Tout l'appareil de succion est inséré sur un système compliqué de
pièces chitineuses : les principales sont deux paires de bandelettes,
dont l'une parcourt longitudinalement le milieu du corps, tandis que
l'autre se dirige en arrière et vers le bas et se termine en fourche

(1) Nous avons traduit presque textuellement la description de l'appareil de succion
donnée par SALENSKY. Nous ne nous dissimulons pas que toute cette description, malgré
les figures qui l'accompagnent, est fort peu claire. De nouvelles recherches sont indis-
pensables pour élucider la structure si complexe de l'appareil buccal de *Sphæronella*.

inférieurement. Cette dernière paire de pièces sert en même temps de soutien aux pattes-mâchoires.

La première paire de pattes-mâchoires (fig. IV *i*) se compose seulement d'un segment basilaire terminé par une griffe. Le segment basilaire est de forme irrégulière : il porte en l'air une brosse de soies et inférieurement une saillie. Il est rétréci à la base et se termine par un prolongement qui sert à l'articulation. Les crochets (dactylopodites) sont fort développés, courbés du côté inférieur et en mouvement continuel.

La seconde paire de pattes-mâchoires (fig. IV *e*) comprend trois articles dont le premier, fortement développé, est comprimé et couvert de poils sur sa face interne. Les deux autres sont notablement plus petits ; le dernier porte une soie sur sa face interne et se termine par un crochet.

Le thorax est sphéroïdal et constitue la partie du corps de beaucoup la plus considérable. Chez les jeunes, il est couvert d'une couche épaisse de poils qui disparaissent peu à peu avec l'âge. Il porte à la face ventrale deux paires de pattes natatoires rudimentaires et une paire d'appendices rudimentaires, représentant la furca, composés d'un article unique terminé par deux soies. A la partie postérieure du corps, on remarque un organe qui porte les deux ouvertures génitales : c'est la plaque génitale. Les ouvertures génitales sont des fentes semi-lunaires situées à la partie supérieure de la plaque génitale. Ces ouvertures ne sont visibles qu'au moment de la maturité sexuelle bien qu'elles existent à l'état rudimentaire chez les jeunes femelles récemment sorties de leur enveloppe de pupe.

Le mâle (fig. II, page 345) a 0,21 mm. de longueur et, par sa forme autant que par sa taille, il diffère beaucoup de la femelle. Les deux parties du corps, tête et thorax, sont loin d'être aussi distinctes que chez la femelle et le corps est moins renflé. Le bouclier dorsal recouvre non seulement la tête, mais aussi une partie de la région thoracique et se termine par un bord pileux qui se recourbe du côté ventral. Sur son bord antérieur, on peut distinguer trois lobes dont le plus considérable est le médian. Les antennes ne sont pas implantées dans des échancrures du bouclier dorsal comme chez la femelle, mais elles s'insèrent à sa face inférieure. Le suçoir, les mâchoires rudimentaires et la première paire de pattes mâchoires concordent avec les mêmes organes chez la femelle La seconde paire de pattes-mâchoires présente quelques différences (fig. 11 *e*). Son article basilaire est plus anguleux et moins velu du côté interne sur lequel on observe une saillie portant plusieurs soies. Le crochet du dernier article est déjeté à son extrémité. Une différence plus essentielle est la présence de deux pattes en stylets qui se composent d'un seul article pointu et terminé en crochets à leur extrémité. Ces appendices servent vraisemblablement, comme la deuxième patte-mâchoire, à maintenir la femelle pendant l'accouplement. Entre ces pattes se trouve un anneau chitineux oblong qui joue peut-être également un rôle dans la copulation. Les trois paires de pattes natatoires rudimentaires sont plus développées chez le mâle et diffèrent les unes des autres. Elles sont toutes uni-articulées, mais les deux premières paires portent à leur extrémité inférieure un prolongement ; elles ont une forme plus courbe et se terminent par deux longues soies qui dépassent le bord du corps. La troisième paire se trouve entre les secondes et se termine par quatre soies courbes.

Le mâle est ordinairement fixé sur l'hôte à quelque distance de la femelle. Une seule fois SALENSKY a trouvé le mâle sur la femelle, sans doute en copulation. Il adhérait au thorax de la femelle tout près de l'ouverture génitale.

Les sacs à œufs sont pyriformes et leur nombre est très variable chez les divers individus et selon la grosseur de la femelle : on en compte de 8 à 14 et parfois même jusqu'à 18. Ils sont fixés généralement tout autour du corps de la femelle au moyen d'une sécrétion qui les fait adhérer aux plaques épimériennes ou aux segments ventraux de l'hôte.

SALENSKY a observé la formation d'un stade de *Nauplius* qui ne sort pas de l'œuf, mais paraît durer un temps relativement assez long, car on le rencontre fréquemment. Ce *Nauplius* ne présente comme appendices que les rudiments des deux paires d'antennes. Au stade suivant, il se développe simultanément six paires de rudiments d'appendices exactement de même grosseur. La bouche et l'œil nauplien sont visibles et l'on distingue autour de l'embryon une deuxième membrane embryonnaire écartée de la membrane vitelline.

Bientôt les six appendices rudimentaires prennent un développement inégal : les deux premiers restent très petits, mais les deux suivants se développent beaucoup et forment les maxillipèdes. Les stades suivants sont caractérisés par la formation définitive des organes, la naissance des soies et des poils, la segmentation des appendices, l'organisation du suçoir et de la ventouse, etc.

Les larves éclosent en un temps très court : elles mesurent alors 0.13 mm. de long (fig. III, 2, page 351), nagent très rapidement au moyen de leurs antennes et de leurs deux paires de pieds nateurs (*k*) puissamment armées de soies. Le bouclier dorsal forme une voûte arrondie antérieurement : il s'élargit latéralement et est divisé en deux portions : l'antérieure plus grande est quadrangulaire avec des angles arrondis et recouvre tout le corps jusqu'aux pattes natatoires, tandis que la postérieure, trapéziforme, recouvre seulement les pattes natatoires et en partie la furca. Les antennes antérieures (*a*) sont quadri-articulées et se terminent en une soie longue et forte. Les antennes postérieures (*d*) s'insèrent un peu en avant de la ventouse sur les parties molles de l'embryon et non comme chez la femelle adulte, dans des échancrures du bouclier dorsal. Les antennes inférieures se composent aussi de quatre articles, mais elles sont plus faibles, ne portent que de petites soies et demeurent cachées sous le bouclier dorsal. Les pièces buccales se composent de la ventouse (*e*) et des mâchoires rudimentaires (*f*) qui ne peuvent servir à la fonction ordinaire.

La ventouse est constituée tout à fait comme chez l'adulte, mais la membrane du pourtour buccal fait défaut. Les mâchoires ont une direction horizontale et peuvent facilement passer inaperçues en raison de leur petitesse. La première paire de pattes-mâchoires (*g*) se compose d'un article et d'une griffe. Les articles de la deuxième paire (*h*) sont plus grêles que chez l'adulte ; le dernier article se termine par une petite griffe pointue : les pattes nageuses (*k*) se composent d'un article basilaire et de deux articles terminaux, dont l'extérieur porte trois soies et l'intérieur quatre. L'abdomen comprend quatre petits segments, dont l'antérieur, le plus grand, est armé d'une soie de chaque côté. Le dernier segment, qui est pourvu de deux longues soies représente la furca. La surface ventrale de la larve est recouverte par un bouclier ventral (*i*), organe larvaire provisoire en forme de triangle formé par un simple épaississement

des téguments. Sous le bouclier ventral se trouve l'ouverture anale (1).
Un peu au-dessus de la ventouse se trouve l'œil (α) formé de deux
croissants pigmentés.

Pour observer les stades suivants, SALENSKY a vainement essayé
d'infester des *Amphitoe* avec les larves de *Sphœronella*. Il n'a pu
suivre les transformations du parasite qu'à l'aide d'individus re-
cueillis en liberté et sur des préparations éclaircies par la glycérine.

Ces transformations sont tellement étonnantes qu'il faut, pour les
comprendre, étudier successivement et pas à pas les divers stades
embryonnaires.

Le stade qui suit immédiatement l'état larvaire, décrit ci-dessus,
est un corps oviforme mesurant 0,12 mm. de longueur. C'est un sac
limité par une épaisse paroi chitineuse garnie de poils fins sur toute
sa surface et rempli d'un contenu jaunâtre finement granuleux.
Aucun organe, aucun élément figuré ne peuvent être distingués
dans ce contenu. Peut-être, cependant, le tube digestif existe-t-il
déjà, obscurci par les nombreuses granulations qu'il renferme. A la
partie antérieure se trouve une saillie qui est analogue au prolongement frontal des autres Lernæens et sert à la fixation de l'animal
aux plaques épimériennes de son hôte. Ce prolongement est formé
d'une substance plus réfringente que la chitine et plongé en partie
dans le corps de la *pupe*. La partie interne a la forme d'un bouton,
la partie externe est infundibuliforme, ses parois sont plissées longitudinalement. Vers le milieu du corps environ, on voit sur la peau
de la pupe une formation chitineuse assez compliquée, dont l'ori-
gine et la signification sont encore inconnues. Elle se compose d'un
cercle chitineux qui est divisé en deux demi-cercles par un bourrelet diamétral. A côté et en avant de ce cercle se trouve un système
de quatre petites plaques disposées en M. L'ensemble présente une
certaine ressemblance avec l'appareil buccal ; mais la position qu'il
occupe ne permet pas de le considérer comme un reste de cet appareil. C'est plutôt une néo-formation dans la région du bouclier dorsal. L'animal s'accroît très-vite pendant cette période. SALENSKY
compare la formation de ce stade à celle de l'état hypopial des
Acariens : la peau de la pupe prendrait naissance, d'après lui, au-

____

(1) Cette observation de SALENSKY nous paraît inexacte. Chez tous les Copépodes
connus l'anus est terminal.

dessous de la peau de la première larve, dont elle est séparée par un liquide.

Le stade suivant a déjà 0,19 mm. de longueur. La forme générale et l'appareil chitineux n'ont pas changé. Le contenu s'est différencié en deux couches : la couche périphérique se compose d'une masse claire finement granuleuse ; dans la partie centrale se rassemblent une grande quantité de globule graisseux qui rendent le contenu grossièrement granuleux.

Le dernier stade observé par Salensky montrait déjà sous la peau de la pupe l'animal complètement formé avec tous ses appendices. La pupe a atteint une longueur de 0,27 mm. Il n'y a aucun changement à sa surface.

En outre des proportions du corps qui ne sont pas absolument les mêmes, ce stade diffère de l'adulte par son revêtement pileux. Les antennes sont appliquées sur la face ventrale parallèlement au grand axe. La ventouse possède sa membrane péri-buccale ; de chaque côté se trouvent les mâchoires rudimentaires. Toutes les parties du suçoir ont déjà leur développement définitif. Sur le segment thoracique on distingue trois paires de pattes rudimentaires qui ne sont plus semblables aux pattes rameuses de la larve qu'elles remplacent. Elles n'ont qu'un seul article avec deux soies. La troisième paire est située entre les plaques génitales qui constituent deux enfoncements de la peau. Les fentes génitales ne sont pas encore visibles. Tel est l'état de l'animal lorsqu'il rompt sa pupe à la partie antérieure et fait saillir son extrémité céphalique. C'est seulement un peu plus tard qu'il abandonne complètement son enveloppe de nymphe, car Salensky a trouvé des individus chez lesquels cette enveloppe se détachait entièrement sous la moindre pression.

Habitat : Golfe de Naples ; parasite d'un Amphipode trouvé près de Dogana immaculata. Le *Sphæronella* est logé dans la cavité incubatrice de la femelle ou au point correspondant de la surface ventrale des segments thoraciques du mâle.

L'Amphipode a été rapporté par Salensky au genre *Amphitoe*. Dans son *Prodromus Faunæ Mediterraneæ* (1885), J.-V. Carus a décrit cet Amphipode sous le nom d'*Amphitoe Salenskii* en en donnant la diagnose suivante qui n'est que la traduction de la description allemande de Salensky :

Caput rotundatum sine rostro; antennæ I inferioribus duplo longiores stipite biarticulato et flagello 16-articulato, antennæ II stipite triarticulato flagello 5-6 articulato; dorsum leviter rotundatum, absque spinis; oculi fere orbiculares; pedes I, secundis multo robustiores, ungue magno terminati: pedes VII omnium longissimi; pedum caudalium paria tria anteriora multo longiora; telson triangulare.

Une bonne description de ce Crustacé serait chose fort utile. Stebbing pense qu'il faut le rapprocher plutôt des *Autonoe* ou des *Microdeutopus* que des *Amphitoe* (1).

II. — Genre **Choniostoma** H.-J. Hansen, 1886.

Choniostoma mirabile H.-J. Hansen.

Femelle adulte sacciforme (Fig. II, 1, page 348) un peu plus large que longue, présentant au côté inférieur, près le bord antérieur, un petit anneau chitineux (*a*) et vers le bord postérieur une ligne très courte terminée par des points chitineux (*b*). Antennes de la première paire (Fig. 11, 2, *b*) très petites, triarticulées; antennes de la seconde paire (*c*) très petites, biarticulées : bouche (*d*) subinfundibuliforme, à bord (*e*) brièvement et régulièrement pileux (2); maxilles (*g*) très petites, presque subuliformes; pattes-mâchoires de la première paire (*h*), petites, robustes, biarticulées, formant un organe préhenseur, pas de seconde paire de pattes-mâchoires. Tous les

---

(1) *By the biarticulate stipes of the upper antennæ it is presumably meant that the third joint of the peduncle is indistinguishable in size from the succeeding joints of the flagellum. The first gnathopods stouter than the second and the elongate fifth peraeopods seem to point in the direction rather of* Microdeutopus *than of* Amphitoe *but nothing is said of a secondary flagellum* (Stebbing, Amphipodes de Challenger, 1, p. 560).

(2) Nous avons traduit textuellement le texte de Hansen : *margine breviter et regulariter piloso.* N'ayant jamais vu de *Choniostoma*, nous sommes tenus à une certaine réserve dans nos appréciations : toutefois, d'après ce qui existe chez *Sphæronella* et chez *Aspidœcia*, nous croyons pouvoir affirmer que Hansen a pris pour des poils les rayons chitineux qui soutiennent une ventouse membraneuse. L'erreur est d'ailleurs facile à commettre même sur le mâle d'*Aspidœcia* où la ventouse est cependant très grande.

organes énumérés sont à l'intérieur de l'anneau chitineux mentionné ci-dessus.

L'embryon récemment éclos n'est pas un *Nauplius*. Le corps (Fig. III, 1, page 351) est divisé en deux parties, le tronc et la queue. Le tronc est quelque peu déprimé, ovale, divisé en deux segments dont le second est plus de deux fois plus court que le premier. La queue est courte, triarticulée, l'article basilaire plus grand que tous les autres réunis, muni à l'angle postérieur allongé d'une épine très longue plus grande que la totalité de la queue; furca courte, chaque rameau armé d'une soie très longue deux fois plus longue que la queue. Antennes de la première paire (*a*) atteignant la moitié de la longueur du tronc ; scape assez court, quadriarticulé, flagellum (*b*) long sans articulations. Antennes de la deuxième paire (*d*) courtes, triarticulées. Bouche (*e*) infundibuliforme, fortement rétrécie à la base évasée au sommet. Maxilles (*f*) petites, saillantes, subuliformes, non articulées, à sommet aigu. Pattes-mâchoires de la première paire (*g*) fortement écartées l'une de l'autre, courtes, préhensiles, triarticulées. Pattes-mâchoires de la seconde paire (*h*) plus rapprochées, minces; préhensiles, quadriarticulées, article basilaire égalant les autres articles pris ensemble, les autres très fins. Pieds natatoires de la première paire (*h*) fixés sur le bord postérieur saillant du premier segment du tronc, partie basilaire robuste, assez longue, dépourvue d'articles, les deux rames bien développées, sans articles, pourvues de quelques soies natatoires plumeuses; pieds natatoires de la seconde paire fixés sur le bord postérieur saillant du second segment semblables aux pieds natatoires de la première paire. La femelle adulte a été trouvée libre sous un renflement de la carapace d'*Hippolyte Gaimardii* et d'*Hipp. polaris*. Avec la femelle on rencontre le plus souvent quelques sphères (jusqu'à douze) renfermant des œufs ou des embryons. Les sphères dont les œufs ne renferment pas trace d'embryons sont de couleur testacée; celles qui contiennent des embryons sont plus grandes et blanchâtres. Longueur de la plus grande femelle observée 5^{mm},3, largeur 5^{mm} (1), diamètre des grands paquets d'œufs 2^{mm},1. — Mâle inconnu.

(1) Comme nous le verrons ci-dessous, ces dimensions s'appliquent sans doute au *Choniostoma* de l'*Hippolyte polaris*, qui est probablement une espèce distincte de celui de l'*Hippolyte Gaimardii*. Le *Choniostoma mirabile* mesure un peu plus de 3^{mm},3.

Habitat : Baie de Kara, quatre femelles avec des paquets d'œufs sur *Hippolyte Gaimardii* des stations 178 et 185 (1) (92 à 100 brasses) ; une femelle gigantesque sans paquets d'œufs sur un *Hippolyte polaris* de la station 157 (62 brasses).

D'après tout ce que nous savons sur les crustacés parasites et principalement sur les formes profondément dégradées par une adaptation déjà ancienne à la vie symbiote, nous avons tout lieu de croire que l'exemplaire de *Choniostoma*, trouvé par HANSEN sur *Hippolyte polaris*, doit appartenir à une espèce différente de *Choniostoma mirabile*, parasite de *Hippolyte Gaimardii*. La taille plus considérable de cet exemplaire, que HANSEN lui-même qualifie de gigantesque (5^{mm},3 au lieu de 3^{mm},3) est encore un indice en faveur de notre opinion. Si cette supposition venait à être confirmée, nous proposerions pour le parasite d'*Hippolyte polaris* le nom de **Choniostoma Hanseni.**

III. — Genre **Aspidœcia**, GIARD et BONNIER, 1889 (Pl. x et xi).

Aspidœcia Normani G. et B.

Après les détails que nous avons donnés ci-dessus sur l'organisation de l'*Aspidœcia Normani* et la comparaison que nous avons faite de ce type avec les genres de Choniostomatidés précédemment décrits, il nous paraît inutile de donner ici une nouvelle diagnose qui ne serait que la répétition de ce que nous avons dit plus haut.

Nous insisterons, toutefois, sur la dégradation progressive qu'on observe dans la famille et particulièrement dans le sexe femelle en partant de *Sphœronella* pour arriver à *Aspidœcia*. Il semblerait, à priori, qu'*Aspidœcia* étant en relation avec des crustacés moins différenciés que ceux habités par *Choniostoma*, devrait être moins profondément modifiée ; il n'en est rien cependant et nous avons vu qu'un certain nombre d'appendices conservés chez *Choniostoma* femelle ont complètement disparu chez *Aspidœcia*.

En comparant le groupe des Choniostomatidés à celui des Épica-

(1) Les stations indiquées sont celles du voyage de la *Dijmphna* dans la mer de Kara et aux environs de la Nouvelle-Zemble.

rides Cryptonisciens, on peut dire que *Sphæronella*, *Choniostoma* et *Aspidœcia* sont respectivement entre eux comme *Hemioniscus*, *Podascon* et *Cryptoniscus*.

Quant à l'habitat d'*Aspidœcia*, nous ne pouvons évidemment soupçonner encore son étendue réelle.

L'échantillon que nous avons étudié a été trouvé en compagnie d'*Aspidophryxus Sarsi* G. et B sur un *Erythrops microphthalma* G. O. Sars, dragué par le Rév. A.-M. Norman, sur la côte de Norwège, dans le Solems-Fjord, près de Floro, par une profondeur de 200 brasses, le 5 août 1882 (1).

Historique.

Nous avons insisté dans le cours de ce travail, sur les liens qui unissent l'*Aspidœcia* à deux types de Copépodes, antérieurement décrits avec quelque détail : le *Sphæronella Leuckarti*, étudié par Salensky, et le *Choniostoma mirabile*, découvert par H. J. Hansen.

Il nous a paru intéressant de rechercher si les formes singulières réunies dans la famille des *Choniostomatidœ* n'avaient pas été plus ou moins entrevues par d'autres zoologistes. Nous avons trouvé sur ce point, de curieuses indications dans divers mémoires : mais comme les auteurs de ces mémoires ont complètement méconnu la nature des animaux qu'ils observaient et que leurs descriptions sont très obscures, il nous a semblé préférable de placer cet historique, non pas en tête de notre mémoire comme cela se fait d'habitude, mais après l'étude comparative des types les mieux connus. Notre revue bibliographique gagnera ainsi en clarté et prendra un intérêt qu'elle n'aurait pas eu si nous avions rappelé tout d'abord les erreurs bien excusables des premiers zoologistes qui ont rencontré des *Choniostomatidœ*.

(1) Par une regrettable inadvertance, dans notre Communication préliminaire sur les *Dajidœ* (C.-R. de l'Académie des Sciences, 13 mai 1889), nous avons dit que cet exemplaire d'*Erythrops* avait été dragué par le Prof G.-O. Sars. C'est une inexactitude que nous nous empressons de rectifier de nouveau à l'occasion du second compagnon de ce Mysidien.

A Kroeyer revient certainement le mérite d'avoir décrit avant tout autre, un parasite du genre *Choniostoma*. C'est en 1842, dans sa *Monographie des Hippolytes*, si remplie d'observations de haute valeur que le zoologiste danois a donné cette description. Tout un chapitre de ce beau mémoire est consacré aux parasites des Hippolytes. Kroeyer y signale les Rhizocéphales du genre *Sylon*, qu'il rapproche très justement des parasites du même groupe trouvés sur les Crabes et les Pagures.

Puis il dépeint en quelques mots un autre parasite *hirudiniforme* rencontré sous la carapace de l'*Hippolyte gibba* (1) et qui est indubitablement une femelle de *Choniostoma* accompagné de sa ponte : voici, au reste, le passage de Kroeyer auquel nous faisons allusion :

« Chez un individu d'*Hippolyte gibba* du Spitzberg, j'ai trouvé la carapace soulevée d'une façon extraordinaire des deux cotés du corps au-dessus de la naissance des pattes et formant de part et d'autre un fort bourrelet ovalaire semblable à celui que l'on voit chez *H. polaris* du côté où se trouve un exemplaire bien développé de *Bopyrus hippolytes*. Un examen plus attentif de cet individu ne me fit découvrir aucun Bopyre : mais la carapace abritait une quantité (au moins une vingtaine) de corps blanchâtres presque sphériques de diverses grosseurs (depuis 2/3 de ligne jusqu'à une ligne 1/2 environ) placés librement les uns à côté des autres sans être réunis entre eux par aucun lien. Sans aucun doute possible, ces corps étaient les pontes d'un parasite inconnu. Les plus petits étaient remplis d'une masse grenue ressemblant à des œufs ; près des plus gros et vraisemblablement des plus murs, j'ai trouvé un corps assez long (6 à 7 lignes) mou, vermiforme. Ce parasite hirudiniforme était peut-être le produit du développement des œufs. Toutefois de nouvelles recherches sont nécessaires pour se prononcer d'une façon définitive.

» Comme je n'ai pu étendre complètement le parasite, la mesure que j'en donne ci-dessus n'est qu'approximative, mais elle ne doit pas s'écarter beaucoup de la vérité » (2).

(1) L'*Hippolyte gibba* Kroeyer est généralement considéré aujourd'hui par les carcinologistes comme une simple variété de l'*Hippolyte Gaimardii* M. Edw.

(2) Comme notre connaissance insuffisante de la langue danoise a pu nous faire com-

Lorsque Salensky, en 1868 (**II**) trouva sur un Amphipode de a Méditerranée, le crustacé parasite qu'il a nommé *Sphæronella Leuckarti* on comprend très bien qu'il n'ait pas été amené à rappeler l'observation de Kroeyer.

Outre la différence des hôtes, il existe entre *Choniostoma* et *Sphæronella* des différences considérables surtout dans le sexe femelle. Comme nous l'avons vu ci-dessus, la femelle de *Sphæronella* est avec celle de *Choniostoma* dans le même rapport que la femelle d'*Hemioniscus* vis-à-vis de celle de *Cryptoniscus* chez les Épicarides. Dans ces deux exemples la parenté est surtout indiquée par les mâles et les embryons. Or, Kroeyer n'avait vu que la femelle et les œufs du parasite de l'*Hippolyte gibba*.

En 1884, c'est-à-dire quarante-deux ans après Kroeyer, Max Weber (**III**) retrouva le parasite découvert par ce dernier : mais pas plus que son prédécesseur, il ne saisit les véritables affinités de l'être qu'il observait ; mais il comprit au moins qu'il s'agissait d'un crustacé.

C'est dans la partie du voyage du *Willem Barents* consacrée aux Isopodes que Max Weber rapporte son observation :

« J'ai trouvé en outre, dit-il, dans le matériel provenant du voyage de 1881 un exemplaire d'*Hippolyte Gaimardi*, M. Edw. var. *gibba* Kr. (station n° 14, 16 brasses) et un autre de la station 11 (62

---

mettre quelque erreur de traduction, nous reproduisons intégralement le passage du mémoire de Kroeyer, dont nous parlons ci-dessus :

„ Hos et Individ af *Hippolyte gibba* fra Spitsbergen har jeg fundet Rygskjolder paa begge Siderne over Föddernes Rod udvidet i en overordentligt höj Grad, eller dannende paa hver Side en stor, oval svulst, saaledes som *H. polaris* viser paa ene Side, naar den herberger et meget staerkt udviklet Exemplar af *B. hippolytes*. Men ved naermere undersögelse af d.te Individ fandt jeg ingen *Bopyrus* under Rygskjoldet ; derimod skjulte dette en Maengde (herimod en Snees) naesten Kugledannede, hvidgule Legemer af forskjaellig störrelse (fra $\frac{2}{5}$ ''' til naesten 1 $\frac{1}{4}$ ''' Gjennemsnit), hvilke laae frit ved Siden af hverandre uden nogen Forbindelse. Det kan neppe vaere nogen Tvivl underkasten at disse Kugler ere Aeg af et ubekjendt Snylte dyr, de mindre af dem har jeg fundet opfyldte af en aeggeblomme agtigt, grynet Masse : i de största, som rimeligviis vare naerved Modenhed, har jeg jagttaget et temmelig lang (6 til 7'''), tyndt, ormedannet Legeme Maaskee udvikler der sig altsaa af disse Aeg et igleagtigt Dyr. Den nöjagtigere Oplysning heraf maa jeg imidlertid ovrelade tilkommende Undersögere.

Jeg har ikke kunnet udstraekke dette Legeme ganske lige, og kan altsaa ikke bestemme Maalet nöjagtigt ; men den ovenstaaende Angivelse vil ikke vaere langt fra Sandheden (**I**, p. 264 et note).

brasses) (1) qui présentaient le premier des deux côtés, le second sur un côté seulement de la carapace au-dessous de la région branchiale un renflement tout à fait semblable à celui occasionné par un *Gyge*. Je n'y trouvai cependant pas traces de Bopyrien. Mais l'animal provenant de la station 11 renfermait dans ce renflement 4 corps sphériques d'une couleur variant du brun au jaune et de 1^{mm} environ de diamètre. Ces corps étaient enveloppés par une membrane non cellulaire et contenaient les uns des œufs, un autre des larves encore renfermées dans leur coque. Malgré leur mauvais état de conservation, je les considère comme des larves de Bopyriens au premier stade. Je pense donc que nous avons ici des paquets sphériques d'œufs et des larves d'une espèce de *Gyge* ; ces paquets sont sans doute le produit de pontes successives de la femelle, enveloppées chacune par une membrane commune. Ces pontes se suivant à certains intervalles, on s'explique pourquoi certaines sphères renferment des larves et les autres des œufs. » (**III**, p. 35).

L'hôte étant le même, il est très probable que les pontes décrites par MAX WEBER provenaient d'un parasite de l'espèce déjà, signalée par KROEYER. Il semble que la femelle faisait défaut, mais il est possible aussi que WEBER l'ait confondue avec les paquets d'œufs. Cette confusion est facile, comme nous l'avons vu en étudiant l'*Aspidœcia*, surtout lorsque la conservation des échantillons laisse à désirer. Ce mauvais état de conservation a causé également l'erreur de WEBER, relative à la nature des embryons. Les jeunes *Choniostoma* sortent de l'œuf sous une forme beaucoup plus avancée que le stade *Nauplius* et peuvent être plus facilement confondus avec des embryons d'Isopodes que ceux de la plupart des autres Copépodes. Néanmoins comme aucun Epicaride ne dépose de pontes libres et que tous portent leurs œufs dans une cavité incubatrice, la confusion commise par WEBER eut pu être facilement évitée.

En 1885, dans le *Report* sur les *Schizopoda* du Challenger (**IV**, p. 219) dans un appendice relatif aux parasites de ces animaux, G. O. SARS signala en quelques mots, un crustacé copépode qui appartient vraisemblablement à notre genre *Aspidœcia*.

Moreover, dit-il, *the author has observed on species of the*

---

(1) Les stations 11 et 14 sont au sud de la Nouvelle-Zemble.

Mysidan genus Erythrops *a peculiar Lernæid apparently the* Sphaeronella Leuckarti. »

Cette brève mention nous fait comprendre comment G. O. Sars a pu quelques années plus tard en lisant le travail de H. J. Hansen sur *Choniostoma* saisir rapidement les affinités de ce parasite avec *Sphæronella*.

C'est seulement en 1886 (**v**) que H. J. Hansen donna une bonne description avec figures de la femelle et de l'embryon du parasite entrevu par Kroeyer et par Weber. Il créa le genre *Choniostoma* et la famille des *Choniostomatidæ* comprenant ce genre unique. Les Hippolytes infestés provenaient de la mer de Kara. Quatre d'entre eux appartenaient à l'*H. Gaimardii* M. Edw. Une femelle de taille colossale fut aussi trouvée sur un *H. polaris* Sabine.

Il est singulier que Hansen ait laissé passer inaperçue l'observation de Weber et surtout le passage beaucoup plus important de son compatriote Kroeyer.

Dans une analyse de son travail parue en français, dans le résumé de la partie zoologique du voyage de la Dijmpha (1), Hansen raconte que le professeur G. O. Sars a attiré son attention sur les affinités probables de *Choniostoma mirabile* avec *Sphæronella Leuckarti*. Comme le mâle de *Choniostoma* est encore inconnu, G. O. Sars n'a pu évidemment appuyer cette induction que sur la ressemblance des embryons et sur le caractère si remarquable chez un copépode de la multiplicité des paquets d'œufs et peut être aussi sur ce qu'il avait observé chez le parasite des Mysidiens auquel il fait allusion dans les *Schizopoda* du *Challenger*.

Ce dernier caractère surtout a une grande valeur, car il n'est pas rare chez les copépodes parasites que l'embryon quitte l'œuf à un stade déjà assez avancé et à ce point de vue le *Cancerilla tubulata* parasite de l'*Amphiura squamata* se comporte absolument comme le *Choniostoma*.

D'ailleurs la comparaison des mâles d'*Aspidœcia* et de *Sphæronella*, jointe à celle des femelles d'*Aspidœcia* et de *Choniostoma* vient, nous l'avons vu, confirmer absolument l'opinion de G. O. Sars.

Wimereux, le 15 Septembre 1889.

(1) Coup-d'œil sur la faune de la mer de Kara, p. 28.

EXPLICATION DES PLANCHES.

PLANCHE X.

Aspidœcia Normani (femelle).

Fig. 1. — L'*Aspidœcia* dans sa position normale sur *Erythrops microphthalma* G.-O. Sars, et sous l'*Aspidophryxus Sarsi* G. et B.

> *Af*, Aspidophryxus femelle ; *Am*, Aspidophryxus mâle ; ♀, Aspidœcia femelle ; ♂. Aspidœcia mâle.

Fig. 2. — La femelle d'*Aspidœcia* isolée avec ses cinq paquets d'œufs(*œ*); *t* , tubercules chitineux ; *v* , ventouse ; *p* , pédoncules de fixation du mâle.

Fig. 3. — Ventouse de la femelle vue par la face antérieure.

> *b*, bouche ; *ch*, revêtement de chitine brillante ; *v*, fond de la ventouse ; *r*, rebord saillant ; *bp*, base du pédoncule de fixation ; *g*, glandes cémentaires.

Fig. 4. — Appareil de fixation sur l'*Aspidophryxus*.

> *pl*, pléon ; *œ*, œufs dans la cavité incubatrice ; *a*, anus ; *l₅*, extrémité de la cinquième lamelle incubatrice ; *p*, pédoncule de fixation de la femelle d'*Aspidœcia*.

Fig. 5. — Ouvertures génitales de la femelle.

> *ov*, oviducte ; *b*, rebord chitineux ; *pf*, pore de fécondation ; *t*, tubercules chitineux ; *p*, pédoncule du mâle , *œ*, œufs pondus.

PLANCHE XI.

Aspidœcia Normani (mâle).

p, pédoncule de fixation ; *gl*, glandes cémentaires ; *an*, antenne ; *v*, ventouse ; *mxpi*, maxillipède interne ; *mxpe*, maxillipède externe ; *t*, testicule ; *sp*, spermathèques ; *pt*, rudiments des pattes natatoires.

1
l₁
l₅
pl₁
δ
2
l₅
δ
oh
ur
3
an₁
an²
pm
hyp
l₁
l₂
l₃
l₅'
l₄
5
end
pl₁
ex
4
an²
md
hyp
an₁
mx¹
mx²
ur
pl₅
mx.p
pt

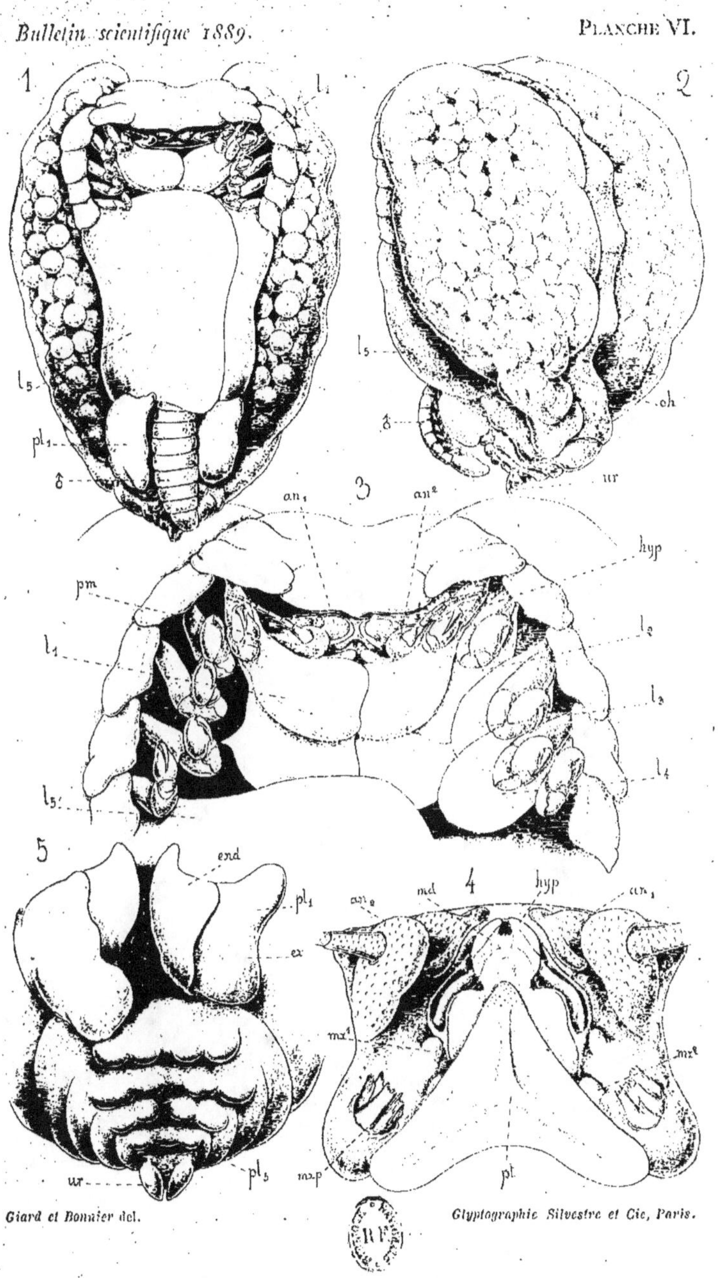

DAJIDÆ

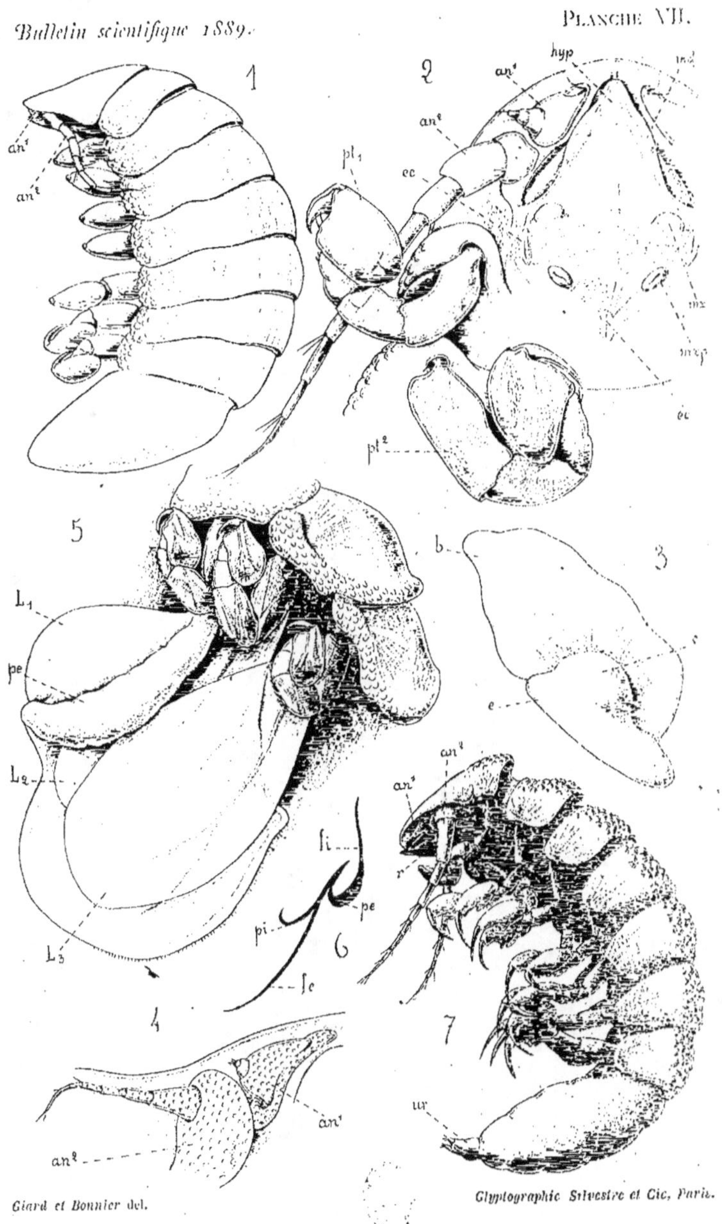

Giard et Bonnier del.

Glyptographie Silvestre et Cie, Paris.

DAJIDÆ

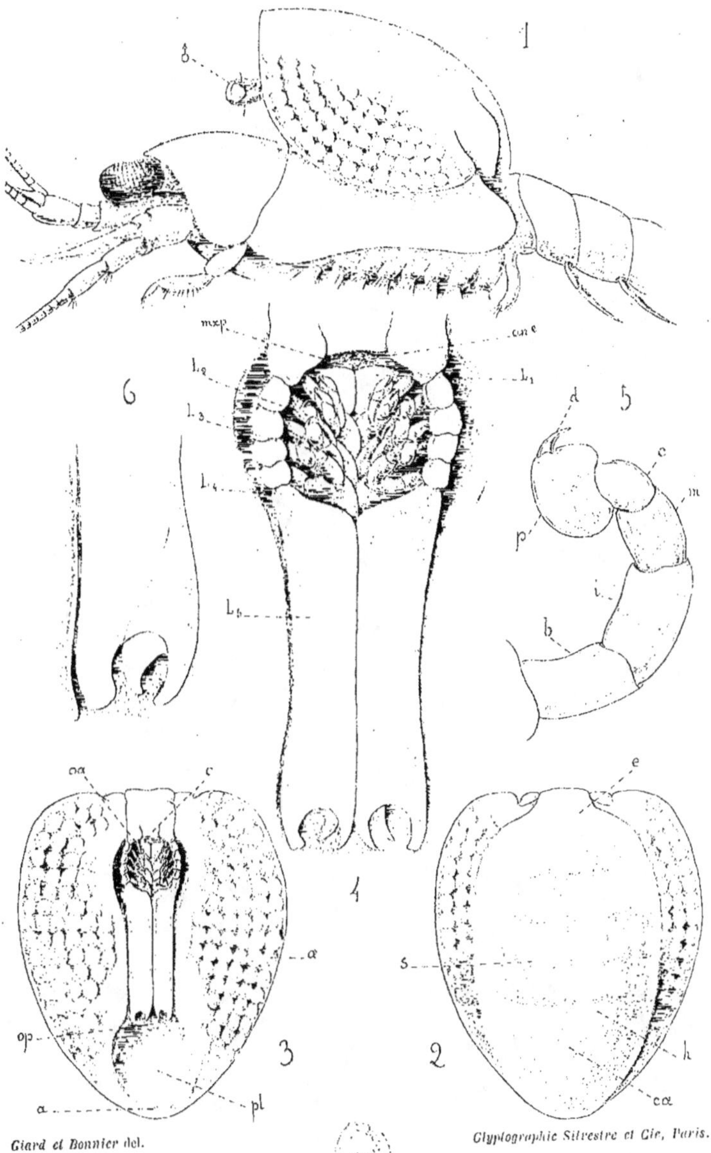

Giard et Bonnier del.

Glyptographie Silvestre et Cie, Paris.

DAJIDÆ

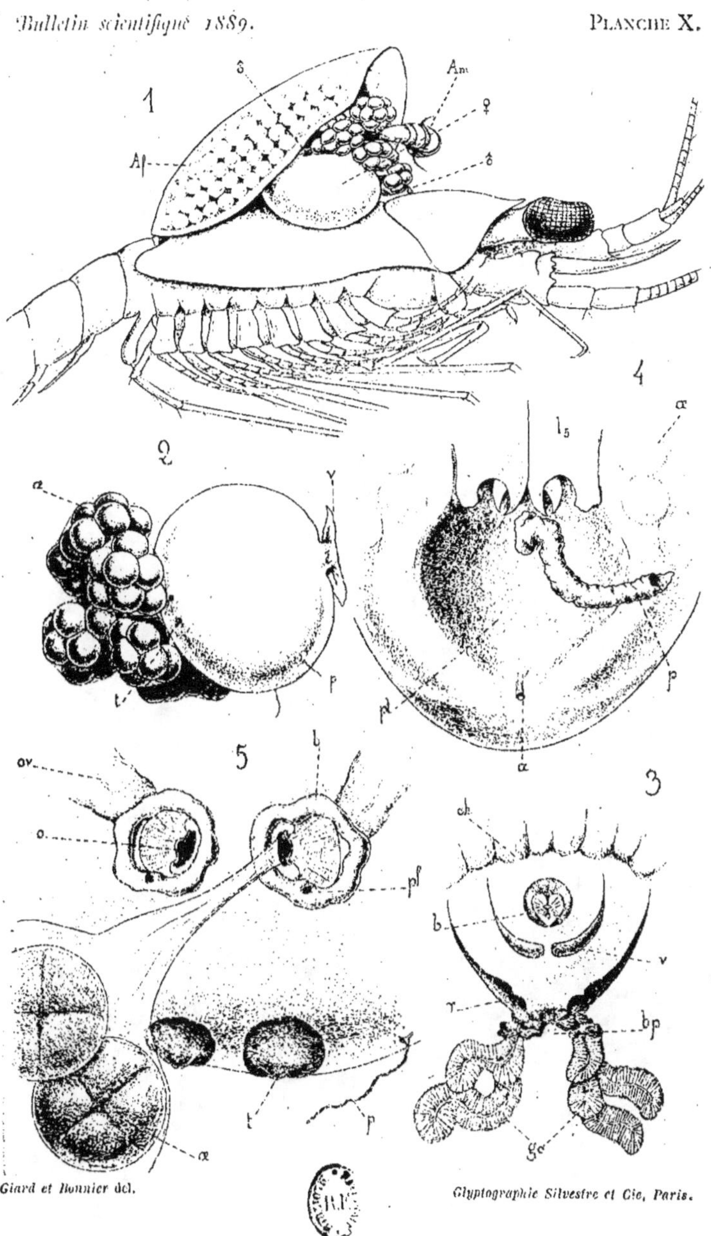

Giard et Bonnier del.

Glyptographie Silvestre et Cie, Paris.

ASPIDŒCIA NORMANI

Giard et Bonnier del.

Glyptographie Silvestre et Cie, Paris.

ASPIDŒCIA NORMANI